高职院校毕业设计（论文）指南

计算机类专业
毕业设计 指南

主　　编　睦碧霞

副 主 编　汤鸣红　肖　宇

编写人员　张　静　刘贤锋　曹　帅

　　　　　陈　俊　申燕萍　顾剑柳

　　　　　罗大晖

南京大学出版社

图书在版编目(CIP)数据

计算机类专业毕业设计指南 / 眭碧霞主编. —南京：
南京大学出版社,2013.7(2020.1重印)
(高职院校毕业设计(论文)指南)
ISBN 978-7-305-11163-1

Ⅰ. ①计… Ⅱ. ①眭… Ⅲ. ①电子计算机-毕业设计
-高等职业教育-教学参考资料 Ⅳ. ①TP3

中国版本图书馆 CIP 数据核字（2013）第 036278 号

出版发行 南京大学出版社
社　　址　南京市汉口路 22 号　　　邮　编 210093
出 版 人　金鑫荣

丛 书 名　高职院校毕业设计(论文)指南
书　　名　计算机类专业毕业设计指南
主　　编　眭碧霞
责任编辑　吴宜锴　吴　华　　　　编辑热线　025-83596997

照　　排　南京理工大学资产经营有限公司
印　　刷　江苏凤凰数码印务有限公司
开　　本　787×1092　1/16　印张 13　字数 313 千
版　　次　2013 年 7 月第 1 版　　2020 年 1 月第 3 次印刷
ISBN　978-7-305-11163-1
定　　价　34.00 元

网　　址:http://www.njupco.com
官方微博:http://weibo.com/njupco
官方微信:njupress
销售咨询:(025)83594756

前　言

　　目前,高职院校学生对"毕业设计"的理解、把握以及完成质量等各方面都不尽如人意,学校之间、专业之间论文要求和质量差异很大,没有统一规范的标准。为了提高计算机类专业学生毕业设计质量,规范毕业设计流程,特编制高职计算机类专业学生毕业设计指导教材。

　　毕业设计(论文)是学生在校学习期间一个重要的综合性实践教学环节。通过毕业设计,学生的自学能力、查阅资料能力、外语能力、计算机应用能力、工程能力、创新思维及团队协作精神等得到综合训练,促进了学生综合应用能力的提高。

　　本教材根据高职计算机类专业学生的毕业设计要求,按照毕业设计的实施流程,从毕业设计(论文)的课题选择、开题报告的撰写、毕业设计的实施、毕业论文的写作,到毕业论文的答辩以及答辩成绩评定等多个环节展开,重点规范各个环节的操作和写作要求。同时选择优秀毕业设计论文实例对毕业设计(论文)的写作进行全程指导。教材集毕业设计指导和专业典型案例设计于一体,突出了新颖、实用、简明的特点,指导性、可操作性强。

　　本书共分8章。第1至2章是介绍毕业设计的原则、要求和流程,第3至8章是计算机类各专业毕业设计方法和典型设计实例。教材适用于高等职业院校物联网应用技术、软件技术、网络技术、多媒体应用技术、嵌入式应用(移动应用)技术和计算机应用技术等专业的学生,也可作为技师和高级技师计算机信息处理技术专业论文指导的参考教材。

　　本教材由常州信息职业技术学院眭碧霞老师主编,常州信息职业技术学院汤鸣红老师和常州工程职业技术学院肖宇老师担任副主编,汤鸣红老师完成全书的统稿和审稿工作,张静老师完成校稿工作。其中,第1、2章由汤鸣红、张静老师编写;第3章由刘贤锋、曹帅、陈俊老师编写;第4章申燕萍老师编写;第5章由顾剑柳老师编写;第6、8章由罗大晖、顾剑柳老师编写;第7章由肖宇老师编写。教材中选用了部分学生的毕业设计,在此一并表示感谢。

由于编者水平有限,经验不足,书中难免有错误和不妥之处,敬请读者批评指正。

编者

2013 年 5 月

目　录

第1章

计算机类专业毕业设计基本原则和要求

1.1 毕业设计的目的

高职院校学生毕业设计是教学计划中极为重要的组成部分,是培养学生综合运用所学的基础理论、专业知识和专业技能,分析与解决实际工程技术问题的能力和锻炼创造能力的一个重要环节。通过毕业设计,使学生熟悉企业工程设计过程或企业生产全过程,掌握现场设备的运行、操作和维护能力,结合毕业设计课题,掌握工程设计方法和专业技能,完成应用型技术人才的基本训练。

1.2 毕业设计的基本要求

毕业设计要求学生在教师及企事业单位工程技术人员的指导下,独立完成一定的课题任务,接受一次综合运用所学专业(基础)知识的锻炼,独立完成一定的技术工作;接受高等职业学校学生必需的基本训练,从而培养和提高学生的独立工作能力。通过毕业设计培养学生以下几个方面的业务能力。

➢ 综合运用所学的基础理论、专业知识和专业技能,熟悉企业生产过程、相关设备的操作和维护规程,解决实际的工程技术问题。

➢ 通过毕业设计(实习),熟悉工程设计的基本过程,掌握基本设计方法,培养处理各种技术问题的能力。

➢ 培养调查研究、查阅技术文献、收集资料、翻译外文专业资料以及使用各种设计标准规范、手册的能力。

➢ 方案制订、论证、分析比较、设计计算的能力和常用仪器、设备的使用及调试能力。

➢ 撰写实验报告和技术说明书,学会编制毕业设计(实习)论文。

➢ 培养学生的工作创新能力。

➢ 培养团队合作及协调工作关系的能力。

➢ 参加毕业设计答辩,培养学生在专业领域的语言表述能力。

1.3 计算机类专业毕业设计选题

1.3.1 毕业设计选题的意义

选题必须符合计算机类专业的培养目标,必须满足教学基本要求,有利于学生运用所学知识和技能进行综合训练,有利于培养学生独立工作的能力,并且巩固、深化、扩大学生所学知识。

1.3.2 毕业设计选题的原则

毕业设计(论文)的选题要遵循科学性、创造性、实用性和可行性的原则,与本专业人才培养规格相适应,具体要求如下:

① 选题必须符合本专业的培养目标,使学生在综合应用所学知识方面,受到比较全面的锻炼。

② 选题应贯彻理论联系实际、培养学生技术应用能力的原则,尽可能结合生产、科研开发与社会实际。

③ 对于已上岗实习的学生,选题要充分利用实习单位的有利条件,选择与自身工作岗位紧密结合的、与所学专业相关的题目,以便充分发挥主动性和创造性。对于暂没有实习单位的学生,学校安排部分题目供学生选择,学生在校内专业实验室内完成毕业设计。

④ 课题来源可以是来自生产一线的课题,也可以是模拟设计课题,设计课题可以由学生自主选择,使得在基础和能力等方面有差异的学生均能充分发挥其主动性和创造性,以便顺利完成毕业设计任务。

⑤ 课题难易要适度,既要有一定的技术水平,又要使学生在规定的期限内经过努力能按时完成。

⑥ 如题目内容过大,需若干个学生共同完成的,要明确每个学生的具体任务,并应保证每个学生经历该设计任务的全过程,不能仅孤立地完成局部任务。

⑦ 所有学生选题均须报所在院系批准并备案。

1.3.3 毕业设计选题的范围

➢ 计算机程序设计员岗位。选题内容可包括应用程序开发、数据库管理与应用、网站设计与开发、软件服务等。

➢ 计算机软件测试员岗位。选题内容可包括应用程序开发、软件测试、数据库开发与应用、网站开发等。

➢ 综合布线技术员及网络设计工程师岗位。选题内容可包括中小型网络综合布线需求分析、方案设计、材料选购、验收、施工等。

- 计算机系统集成技术员。选题内容可包括组建中小型局域网、无线局域网,实现多网互联及 Internet 接入等。
- 计算机维护工程师岗位。选题内容可包括硬件选型、合理配置,组装台式计算机,进行硬件故障的维修,安装主流操作系统,安装各种硬件的驱动程序,配置计算机网络功能,安装、配置常用应用软件,进行软件故障的维护等。
- 计算机网络管理员和计算机网络工程师岗位。选题内容可包括配置交换机设备、配置网络路由器设备、配置和备份网络访问控制、网络的管理和维护等。
- 计算机网络安全员岗位。选题内容可包括设计与配置单机安全、设计与配置内网安全、设计与配置网间安全等。
- 网页设计工程师岗位。选题内容可包括设计和制作静态网页、设计和制作动态网页、网站规划与管理等。
- 网络应用工程师岗位。选题内容可包括设计与管理企业级域网络、安装和配置网络服务、三网融合业务应用、IP 音视频配置与应用、宽带接入配置与应用等。
- 单片机开发工程师岗位。选题内容可包括单片机选型、元器件选型、原理图设计、印制电路板设计、硬件电路检测与调试、单片机软件设计等。
- PCB 工程师岗位。选题内容可包括常用模拟和数字电路读图、主流印制电路板 EDA 工具使用、原理图绘制、元件封装制作、PCB 布局与布线、高速 PCB 设计、电路板检测等。
- IT 营销师岗位。选题内容可包括单片机原理及项目实践、IT 营销技能等。
- 通信网络与设备相关岗位。选题内容可包括程控交换设备安装与调试、光传输设备安装与调试、宽带接入与数据通信设备安装与调试、移动通信设备安装与调试、程控交换网络运行与维护、光传输网络运行与维护、宽带接入与数据网络运行与维护、移动通信网络运行与维护等。
- 嵌入式软件工程师岗位。选题内容可包括嵌入式系统软件的开发、企业服务器搭建与维护等。
- 三维模型构建师岗位。选题内容可包括动画三维模型构建及材质渲染、建筑效果图三维模型构建与材质渲染。
- 虚拟现实设计师岗位。选题内容可包括室内外 360°实景展示、景观三维虚拟漫游。

1.3.4 毕业设计选题参考目录

1. 计算机应用专业

◎ 基于 89C51 单片机的自动浇灌系统的设计
◎ 基于 CPLD 的电子值日牌的设计
◎ 基于 CPLD 的多功能电子日历钟的设计
◎ 基于 CPLD 的音乐播放器的设计
◎ 基于 CPLD 的多功能教室控制系统的设计
◎ 基于 MCS51 单片机的音乐发生器的设计

◎ 多点温度检测系统设计

◎ 液晶显示电冰箱温控器的设计

◎ 基于 STC89C52 单片机的倒车雷达系统的设计

◎ 基于 MCS-51 单片机的无线鼠标的设计

◎ 基于 51 单片机的 RFID 系统设计与研究

◎ 基于 51 单片机的红外遥控器的开发

◎ 基于 USB 接口的串行通信实验仪的设计

◎ 企业 CIS 设计

◎ 基于 ST7 的直流无刷电机控制系统设计与实现

◎ 无位置传感器无刷直流控制器的研究

◎ 基于 ST7FMC 的电动摩托车控制系统的研究

◎ 直流压缩机变频空调控制器的研究

◎ mp3 播放器的设计

◎ 智能电子产品促销战略之研究

◎ 从分众传媒看广告营销现状及发展

◎ 任意波信号发生器设计

◎ Cortex 实验板设计

◎ 逻辑函数化简软件设计

◎ I^2C 总线测试仪设计

◎ 电子秤的设计

◎ 超声波测距仪的设计

◎ 电子万年历的设计

◎ 智能抢答器的设计

◎ 模电实验电路板的设计

◎ 任意逻辑表达式化简程序设计

◎ 交通信号灯控制设计

◎ 文本朗读器的设计

◎ 基于 USB 接口的单片机仿真实验仪的设计

◎ 点阵 LED 汉字显示系统设计

◎ 空调风机用无刷直流电机的设计

◎ 机器人足球比赛设计

◎ 多功能电子钟的设计

◎ 太阳能热水器控制器的设计

◎ 计算机专营模式之分析

◎ 淘宝网营销模式及消费行为分析

2. 计算机网络技术专业

◎ 小型企业 Linux 防火墙的设计与实现

◎ 多服务器虚拟主机在企业中的应用

◎ Windows 集群服务在企业中的应用

◎ 小区弱电智能化系统设计与管理

◎ VPN 技术在跨区域公司环境中的应用

◎ 基于 Windows Server 2008 的网络基础架构

◎ 校园无线网的安全方案设计与配置

◎ 计算机网络虚拟实训室设计与实施

◎ 中小企业网络实施方案设计

◎ 小型企业网络设计

◎ 中小型网吧的组建与管理方案设计

◎ 基于 ASP 技术的电子商务网站的设计与实现

◎ 网上购物(淘宝)系统设计与实现

◎ 基于 Windows Server 2008 网络安全技术吞吐量分析

◎ DHCP 在企业中的应用

◎ 基于域的 DFS 应用

◎ GPMC 在企业中的应用

◎ 典型企业网设计与实施

◎ 复合型企业网络方案设计

◎ 家庭局域网安全架构与实施

◎ VOIP 技术研究与企业应用

◎ 企业网络安全设计

◎ 基于 TCP/IP 协议的网络点播服务

◎ 校园网站规划与建设

◎ WEB 服务器的脆弱性检测和加固

◎ 企业网站规划与建设

◎ 智能股票分析系统的设计与实现

◎ 基于 Windows Server 2008 企业安全体系的设计和部署

3. 计算机软件技术专业

◎ 基于 C♯ 的客户管理系统的设计与实现

◎ 学生信息管理系统的设计与实现

◎ 企业人事管理信息系统的设计与实现

◎ 家庭理财管理系统的设计与实现

◎ 小区物业管理的设计与实现

◎ 基于 Northwind 的订单生成系统的设计与实现

◎ 注册表管理工具设计与实现

◎ 企业 WEB 管理平台开发

◎ 网上购物系统的设计与实现

◎ 大型超市管理系统的设计与实现

◎ 物流管理系统的设计与实现

◎ 基于 3G 手机的交互式广告公共服务平台开发
◎ 基于 JavaEE 技术的论坛系统的设计与实现
◎ 老虎机游戏在 3G 移动式公共服务平台中的应用
◎ 基于 Web 方式的 RSS 频道订阅设计与实现
◎ Web 服务集成技术在软件开发中的应用
◎ 基于 Struts 框架的办公自动化的设计
◎ 3G 移动式公共服务平台的数据库设计
◎ 在线考试系统的设计与实现
◎ 网上书店的设计与实现
◎ 酒店信息管理系统的设计与实现
◎ 医药管理系统的设计与实现
◎ 公积金计算器的设计与实现
◎ 无线电子商务平台开发
◎ 局域网抓包软件的设计与实现
◎ 企业网站规划与建设
◎ 简单教务管理系统的设计与实现
◎ 图书管理系统的设计与实现
◎ 档案管理系统的设计与实现
◎ 生产控制管理系统的设计与实现
◎ 网上宠物店的设计与实现
◎ 基于 B/S 架构的 GPS 全球卫星定位系统的设计与实现
◎ 短信群发管理系统的设计与实现
◎ C♯.net 的服务应用软件开发
◎ 网页信息采集与处理
◎ 虚拟战场模型系统的设计与研究

4. 嵌入式系统工程专业

◎ 基于 Android 的无线点餐系统的设计与实现
◎ 基于 Android 的公交信息查询系统设计
◎ 虚拟图书馆漫游系统的设计与实现
◎ 基于 WSN 的温湿度远程监测系统
◎ 基于 ARM 嵌入式无线点菜系统的设计与实现
◎ 基于 ARM 的 IC 身份识别系统设计与实现
◎ 直流电机控制系统的设计与实现
◎ 温度自动控制系统的设计与实现
◎ 基于 Android 的手机搜索定位开发
◎ 基于 Android 的五子棋游戏设计与实现
◎ 银行排队系统设计与实现
◎ 游戏在线充值系统设计与实现

◎ 基于 Linux 的加密聊天

◎ 嵌入式系统在物联网上的应用

◎ 简易电梯控制模型研究

◎ 红外探测报警系统的设计与实现

5. 多媒体技术专业

◎ 环保网站设计与开发

◎ 个人网站设计与开发

◎ 电影宣传海报设计

◎ 公司商务网站设计

◎ Flash 动画短片设计

◎ Flash 游戏设计

◎ 建筑物效果图设计

◎ 公益广告设计

◎ 汽车模型制作

◎ 婚礼录像的剪辑与制作

◎ 个人宣传影片拍摄与剪辑

◎ 电视宣传短片设计

◎ 公园全景展示

◎ 影视后期制作处理设计

◎ 时尚杂志封面设计

◎ 产品平面广告设计

◎ Flash MTV 动画设计

◎ 个性化家居设计

◎ Flash 教学课件设计

◎ 小户型室内设计

◎ 产品包装设计

◎《新闻联播》片头设计

◎ 电子相册模板设计

◎ MTV 的拍摄与制作

◎ 商场全景展示

◎ 景观虚拟漫游

6. 移动应用技术专业

◎ 微信公众账号开发

◎ 基于 Android 的数据采集网关设计

◎ 班级信息传递系统设计

◎ 基于 Android 的公交线路查询系统

◎ 基于 Android 的移动考试系统设计

◎ 基于 HTML5 的移动考试系统设计

◎ 基于 Android 的备忘录设计

◎ 基于 Android 的知识问答系统

◎ 基于 Android 的五子棋设计

◎ 商品推荐系统设计

1.4 毕业设计报告（论文）写作要求

一篇完整的毕业设计报告或毕业论文应由：题名（标题）、目录、摘要（中英文）、引言（前言）、正文、结论、谢辞、参考文献和附录等几部分构成。毕业设计报告的内容与格式都有明确要求，要严格按照要求执行。

1.4.1 论文写作内容

① 标题：设计课题名称，要求简洁、明确、有概括性。能点明文章的确切内容、专业特点和研究的范畴。标题的字数要适当，一般不宜超过 20 个字。

② 目录：篇名和编次。目录按三级标题编写（即：1……，1.1……，1.1.1……），要求标题层次清晰。附录也应依次列入目录。

③ 摘要：也称内容提要，概括本研究课题的主要内容、方法和观点以及取得的主要成果和结论。要求陈述客观、重点突出、简明扼要、语句精练。中文摘要约 300 字左右，关键字一般以 3～5 个为宜。通常在毕业设计报告全文完成后再写摘要。

标题和摘要均需中英文对照。

④ 前言：全篇论文的开场白。它包括：选题的缘由及意义；对本课题现有研究情况的评述；说明所要解决的问题和采用的相关理论与方法；概述研究的论点、论据和所获成果。

⑤ 正文：正文是作者对自己所研究课题的详细表述。内容包括：问题的提出、设计方案的拟定及论证、设计计算的主要方法和内容、课题得出的结果以及对结果的讨论等。

➤ 设计方案论证：应说明设计原理和方法，并进行方案的比较分析，还应阐述所采用方案的特点（如：采用了何种新技术、新对策，提高了什么性能等）。

➤ 计算部分：这部分在设计报告中应占相当的比例。具体包括：计算项目、相关理论、计算方法、公式推导、计算过程、数据结果、元器件选择等。

➤ 设计部分：设计报告的重要组成部分。写出具体实现设计任务的全过程，大体有：设计方案、具体内容、设计成果，可结合设计的有关图纸叙述。

➤ 样机或试件的各种实验及测试情况：主要包括实验方法、测试数据及分析处理等。

➤ 方案的校验：说明所设计的系统是否满足各项性能指标的要求，能否达到预期效果。检验的方法可以是理论分析（即反推算），包括系统分析；也可以是实验测试及计算机的上机运算等。

⑥ 结论：是对毕业设计进行归纳和总结，分析其优点、特色，有何创新，性能达到何水平，并指出其中存在的问题和今后的改进方向。结论要写得概括、简短。

⑦ 谢辞:简述自己通过本设计的体会,并对指导教师和协助完成设计的有关人员表示感谢。

⑧ 参考文献及附录:在报告的谢辞之后,应列出主要参考文献,并将各种篇幅较大的图纸、数据表格、计算机程序等附于报告之后。它反映毕业论文的取材来源、材料的广博程度及可靠程度。一份完整的参考文献也是向读者提供的一份有价值的信息资料。引用参考文献时,必须注意写法的规范性。

毕业设计报告要求不少于 8 千字。

1.4.2 论文写作格式

① 标题:二号宋体,中文标题一般不超过 20 个汉字;标题不得使用非公知公用、同行不熟悉的外来语、缩写词、符号、代号和商品名称。为便于数据库收录,尽可能不出现数学式和化学式。

② 作者姓名:小四号仿宋体。

③ 作者单位:小五号宋体。

④ 中、英文摘要:五号楷体。

⑤ 关键词:五号楷体。关键词之间用分号隔开。

⑥ 正文:五号宋体。文稿正文(含图、表)中的物理量和计量单位应符合国家标准或国际标准(GB 3100—3102)。

文稿章节编号采用三级标题,一级标题(小四号黑体)形如 1,2,3,…;二级标题(五号黑体)形如:1.1,1.2,1.3,…;三级标题(五号宋体)形如:1.1.1,1.1.2,1.1.3,…引言或前言不排序。

⑦ 图表要求:文中的图、表应有序号和标题,序号用阿拉伯数字标注,标题用小五号黑体。表格一般使用三线表,表中参数应标明量和单位(用符号),若单位相同可统一写在表头或表顶线上右侧。若有表注,写在表底线下左侧。

⑧ 参考文献:小五号宋体。

参考文献是期刊时,书写格式为:

[编号] 作者.篇名[J].期刊名,年份,卷号(期号):页码。

参考文献是图书时,书写格式为:

[编号] 作者.书名[M](文集用[C]).版本.出版地:出版者,出版年.页码。

1.4.3 论文提交要求

① 毕业设计论文文本内容包括:

毕业设计论文封面;   毕业设计论文正文;

毕业设计论文任务书;   结束语;

毕业设计开题报告;   参考文献及附录。

毕业设计论文目录;

② 毕业设计论文封面要求使用学院统一印制的封面格式,内容包括班级、学号、设计题目、专业、学生姓名、指导教师姓名等。

③ 毕业设计论文的装订,按以下顺序装订成册:

毕业设计论文文本;   评阅教师评分表;

毕业设计中期检查表;   答辩小组评分表;

指导教师评分表;   毕业设计成绩评定表。

④ 毕业设计论文字数一般在 8 千字以上。

1.5 毕业设计评分标准

毕业设计评分标准参见表 1-1 所示。

表 1-1 毕业设计评分标准

项目	权重	分值	优秀 ($90 \leqslant x \leqslant 100$)	良好 ($80 \leqslant x < 90$)	中等 ($70 \leqslant x < 80$)	及格 ($60 \leqslant x < 70$)	不及格 ($x < 60$)
调研论证	0.10	100	能独立查阅文献以及从事其他形式的调研,能较好地理解课题任务并提出实施方案,有分析整理各种信息、从中获取新知识的能力	除全部阅读教师指定的参考资料、文献外,还能阅读一些自选资料,能较好地分析整理各类信息,并提出较合理的实施方案	能阅读教师指定的参考资料、文献,能分析整理各类信息,有实施方案	阅读教师指定的参考资料,有实施方案	未完成教师指定的参考资料及文献的阅读,无信息分析整理能力,实施方案不合理
外文翻译	0.05	100	按要求按时完成外文翻译,译文准确质量好	按要求按时完成外文翻译,译文质量较好	按要求按时完成外文翻译,译文质量尚可	按要求按时完成外文翻译	外文翻译达不到要求
技术水平与实际能力	0.20	100	设计合理、理论分析与计算正确,实验数据准确可靠,有较强的实际动手能力、经济分析能力和计算机应用能力	设计合理、理论分析与计算正确,实验数据比较准确,有一定的实际动手能力、经济分析能力和计算机应用能力	设计合理、理论分析与计算基本正确,实验数据基本准确,实际动手能力尚可	设计基本合理、理论分析与计算无大错	设计不合理,理论分析与计算有原则错误,实验数据不可靠,实际动手能力差

项目	权重	分值	优秀 (90≤x≤100)	良好 (80≤x<90)	中等 (70≤x<80)	及格 (60≤x<70)	不及格 (x<60)
成果、基础理论与专业知识	0.20	100	对研究的问题能较深刻分析或有独到之处，成果突出，反映出作者很好地掌握了有关基础理论与专业知识	对研究的问题能正确分析或有新见解，成果比较突出，反映出作者较好地掌握了有关基础理论与专业知识	对研究的问题能提出自己的见解，成果有一定意义，反映出作者基本掌握了有关基础理论与专业知识	对某些问题提出了个人见解，并得出研究结果，作者基本掌握了有关基础理论与专业知识	缺乏研究能力，未取得任何成果，反映出作者基础理论和专业知识很不扎实
创新	0.10	100	有重大改进或独特见解，有一定实用价值	有较大改进或新颖的见解，实用性尚可	有一定改进或新的见解	有一定见解	观念陈旧
报告或论文撰写质量	0.10	100	报告结构严谨，逻辑性强，论述层次清晰，语言准确，文字流畅，完全符合规范化要求，书写工整或用计算机打印成文	报告结构合理，符合逻辑，文章层次分明，语言准确，文字流畅，达到规范化要求，书写工整或用计算机打印成文	报告结构基本合理，层次较为分明，文理通顺，基本达到规范化要求	报告结构基本合理，论证基本清楚，文字尚通顺，勉强达到规范化要求	内容空泛，结构混乱，文字表述不清，错别字较多，达不到规范化要求
答辩情况	0.15	100	能简明扼要、重点突出地阐述报告的主要内容，能准确流利地回答各种问题	能比较流利、清晰地阐述报告的主要内容，能较恰当地回答与报告有关的问题	基本能叙述报告的主要内容，对提出的主要问题一般能回答，无原则错误	能阐明自己的基本观点，答辩错误经提示后能作补充或进行纠正	不能阐明自己的基本观点，主要问题答不出或有原则错误，经提示后仍不能回答有关问题
工作态度与纪律	0.10	100	工作态度认真，工作作风严谨，严格保证设计时间并按任务书中规定的进度开展各项工作	工作态度比较认真，工作作风良好，能按期圆满完成任务书规定的任务	工作态度尚好，遵守组织纪律，基本保证设计时间，按期完成各项工作	工作态度尚可，在指导教师的帮助下能按期完成任务	学习马虎，纪律涣散，工作作风不严谨，不能保证设计时间和进度

第 2 章

计算机类专业毕业设计基本流程

计算机类专业毕业设计基本流程由选题、学生开题、撰写设计、教师指导、毕业设计答辩、成绩评定等环节组成,如图 2-1 所示。

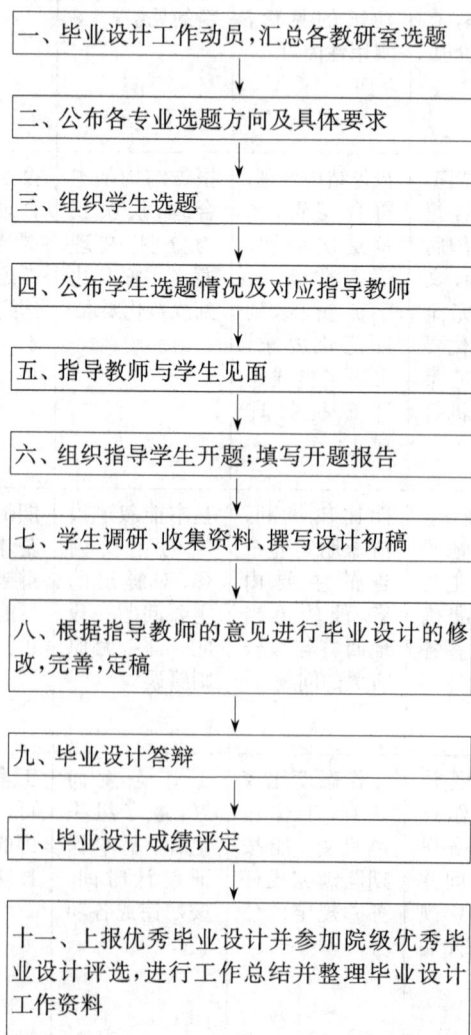

一、毕业设计工作动员,汇总各教研室选题

↓

二、公布各专业选题方向及具体要求

↓

三、组织学生选题

↓

四、公布学生选题情况及对应指导教师

↓

五、指导教师与学生见面

↓

六、组织指导学生开题;填写开题报告

↓

七、学生调研、收集资料、撰写设计初稿

↓

八、根据指导教师的意见进行毕业设计的修改,完善,定稿

↓

九、毕业设计答辩

↓

十、毕业设计成绩评定

↓

十一、上报优秀毕业设计并参加院级优秀毕业设计评选,进行工作总结并整理毕业设计工作资料

图 2-1 毕业设计基本流程

2.1　毕业设计的选题和任务书

2.1.1　毕业设计选题

选题是保证毕业设计质量的重要环节,在进入毕业设计阶段以前,必须全部落实选题。学院应将所有专业的选题公布在教务系统网站上,学生根据本系部公布的毕业设计选题计划,结合自己的具体情况进行选题。

2.2.2　毕业设计任务书

在学生明确选题情况下,由指导教师下达毕业设计任务书(见表2-1所示),学生接受任务书后应根据任务开始毕业设计工作。如遇特殊情况需要更换选题,学生要提出申请,待批准后再由指导教师下达新的任务书。

表 2-1　毕业设计任务书

＊＊＊学院(校)毕业设计(论文)任务书
专业 ＿＿＿＿＿　班级 ＿＿＿＿＿　姓名 ＿＿＿＿＿
一、课题名称:＿＿＿＿＿＿＿＿＿＿＿＿＿＿＿＿＿＿＿＿＿＿＿＿＿＿＿
二、主要技术指标:＿＿＿＿＿＿＿＿＿＿＿＿＿＿＿＿＿＿＿＿＿＿＿＿＿   ＿＿＿＿＿＿＿＿＿＿＿＿＿＿＿＿＿＿＿＿＿＿＿＿＿＿＿＿＿＿＿＿＿   ＿＿＿＿＿＿＿＿＿＿＿＿＿＿＿＿＿＿＿＿＿＿＿＿＿＿＿＿＿＿＿＿＿
三、工作内容和要求:＿＿＿＿＿＿＿＿＿＿＿＿＿＿＿＿＿＿＿＿＿＿＿   ＿＿＿＿＿＿＿＿＿＿＿＿＿＿＿＿＿＿＿＿＿＿＿＿＿＿＿＿＿＿＿＿＿   ＿＿＿＿＿＿＿＿＿＿＿＿＿＿＿＿＿＿＿＿＿＿＿＿＿＿＿＿＿＿＿＿＿
四、主要参考文献:＿＿＿＿＿＿＿＿＿＿＿＿＿＿＿＿＿＿＿＿＿＿＿＿   ＿＿＿＿＿＿＿＿＿＿＿＿＿＿＿＿＿＿＿＿＿＿＿＿＿＿＿＿＿＿＿＿＿
学　　　　生(签名)＿＿＿＿＿＿　年　月　日   指 导 教 师(签名)＿＿＿＿＿＿　年　月　日   教研室主任(签名)＿＿＿＿＿＿　年　月　日   系　主　任(签名)＿＿＿＿＿＿　年　月　日

2.2　毕业设计的开题

毕业设计开题,是指学生有计划地进行毕业设计的总体安排,并开始启动毕业设计工作。学生在接受毕业设计任务后,要明确选题,认真消化任务书的主要任务和内容,查找资料,进行毕业设计课题可行性分析,了解课题的现状和发展趋势,关注本课题需要解决的技术问题,寻求解决课题技术问题的思路和方案,在全面了解课题的基础上,填写毕业设计开题报告(见表 2-2 所示)。

表 2-2 毕业设计开题报告

设计(论文)题目						指导教师	
学生姓名		学号		专业		班级	
一、选题的背景和意义:							
二、课题研究的主要内容:							
三、主要研究(设计)方法论述:							
四、设计(论文)进度安排:							
时间(迄止日期)		工作内容					

| 五、指导教师意见： |
| 指导教师签名：   年   月   日 |
| 六、系部意见： |
| 系主任签名：   年   月   日 |

2.3 毕业设计的设计过程

学生在明确毕业设计任务后，要具体安排好毕业设计工作的进程，结合毕业实习工作进行毕业设计的调研，收集和课题有关的技术资料。

① 根据毕业设计任务书的要求初步确定设计方案，并对设计方案进行详细的分析比较，对方案的技术性能、经济指标、实施的可行性等方面进行论证，再就有关问题与指导老师协商后确定最佳方案。

② 毕业设计要根据要求进行总体设计和部件设计（硬件设计和软件设计），设计过程中要明确设计思路和工作原理，进行工作过程分析，有些设计还需必要的计算和元器件的选型。

③ 绘制系统原理图和部件原理图、安装接线图。

④ 对于软件类课题，应有完整的文档，包括有效程序软件、源程序清单、流程框图、软件设计报告和使用报告。

⑤ 编制毕业设计说明书。

2.4 毕业设计的指导和检查

每位学生毕业设计都要有指导教师，指导教师原则上由讲师或相当职称以上的教师和企业工程技术人员担任，需具有一定的理论和工程实践经验以及求真务实、认真负责的工作作风，要对学生整个毕业设计过程负责。

① 根据学生所学专业，有针对性地编制毕业设计任务书，在确定学生毕业设计题目后下达毕业设计任务书。

② 指导学生查阅有关资料，在规定的时间内，在学生了解课题、进行必要的调研后，要

求学生撰写毕业设计开题报告,并对课题的开题报告进行审阅,重点对提出的设计要点和工作进度进行指导检查。

③ 指导学生开展毕业设计,对学生进行分阶段、有重点的指导,了解学生的毕业设计能力和水平,针对学生的具体情况及时辅导。

④ 定期检查学生毕业设计工作进展情况及存在的问题,填写毕业设计(论文)中期检查表,见表2-3所示,针对存在的问题及时加强指导,确保毕业设计工作保质保量并在规定的时间内完成。

表 2-3　毕业设计(论文)中期检查表

＊＊＊学院(校)毕业设计(论文)中期检查表

_____ 学院(系)　　　检查时间 _____年____月____日

设计(论文)题目					指导教师	
学生姓名		学号		专业		班级
一、设计(论文)进度计划						
二、已完成的任务						
三、尚需完成的任务						
四、存在的主要问题及拟采取的办法						
五、指导教师对学生在毕业设计(论文)过程中的工作态度与纪律及毕业设计(论文)任务的完成进展等方面的评语						

指导教师:　　　　　(签名)

年　　月　　日

⑤ 审阅学生的毕业设计报告,评定学生的毕业设计成绩并写出评语,指导学生做好答辩准备,评阅毕业设计论文。

2.5　毕业设计的答辩工作

1. 学生参加答辩的条件

学生在规定时间内完成毕业设计(论文)任务后,应撰写毕业设计(论文)报告,并于答辩前1周交到所在系部。学生参加答辩应在毕业设计(论文)达到规范化要求及完成成果审查合格后进行。参加答辩学生的比例不少于30%,申请"优秀毕业设计"成绩的学生必须参加答辩。

2. 答辩小组组成

答辩小组人数以3~5人为宜,并设组长一名。成员一般由具有中级职称以上的教师和工程技术人员担任,具体人员由系部确定。

3. 答辩方式

答辩采用个别进行的方式。学生汇报15分钟左右,教师提问(主要根据课题涉及的内容,重点了解学生对课题所涉及内容的知识、方法及应用的掌握程度)15分钟左右,答辩时间以每人30分钟为宜。

4. 答辩成绩

答辩小组根据学生的答辩,给出答辩成绩与评语。原则:应严格掌握标准,合理评分,总结评语要简要,字迹清楚,内容具体并签名。

毕业答辩一般在学院内进行,个别有条件的课题经系部批准后可在设计地点进行。

2.6　毕业设计(论文)成绩评定

① 毕业设计(论文)的成绩以学生毕业设计(论文)的水平、独立工作的能力、工作态度以及答辩的情况为依据,不应以学生以往的课程成绩或教师的个人印象来决定。

② 成绩评定必须坚持评分标准,详见1.5节表1-1所示。

③ 毕业设计(论文)采用五级计分(优秀、良好、中等、及格、不及格)。毕业设计成绩评定由指导教师评分及答辩小组评分2部分组成,见表2-4所示。

表 2 - 4　毕业设计(论文)成绩评定表

一、指导教师评分表(总分为 70 分)

序号	考 核 项 目	满 分	评 分
1	工作态度与纪律	10	
2	调研论证	10	
3	外文翻译	5	
4	设计(论文)报告文字质量	10	
5	技术水平与实际能力	15	
6	基础理论、专业知识与成果价值	15	
7	思想与方法创新	5	
合　　计		70	

指导教师综合评语：

指导教师签名：　　　　　年　月　日

二、答辩小组评分表(总分为 30 分)

序号	考 核 项 目	满 分	评 分
1	技术水平与实际能力	5	
2	基础理论、专业知识与成果价值	5	
3	设计思想与实验方法创新	5	
4	设计(论文)报告内容的讲述	5	
5	回答问题的正确性	10	
合　　计		30	

答辩小组评价意见(建议等第)：

答辩小组组长教师签名：　　　　　年　月　日

第 3 章

基于物联网应用系统设计（物联网应用技术专业）

3.1 物联网应用系统设计一般原则

物联网是新一代信息技术的重要组成部分,其英文名称是 The Internet of things。顾名思义,这句话的意思就是"物联网就是物物相连的互联网"。这有两层意思:第一,物联网的核心和基础仍然是互联网,是在互联网基础上的延伸和扩展的网络;第二,其用户端延伸和扩展到了任何物品与物品之间,进行信息交换和通信。物联网应用系统一般由感知层、传输层、应用层三个部分组成。感知层用于实现数据的采集和对其他设备的监视、控制,传输层负责数据的传输,应用层用于实现人机的交互功能。物联网系统一般来说都是专用系统,一旦被开发出来,其用途就被唯一确定下来了。

当设计开发人员接到物联网应用系统开发任务时,一般要依次进行以下工作:

1. 系统需求分析

系统需求需要对所开发的系统要解决的问题进行详细的分析,弄清楚问题的定义,明确所要开发的物联网应用系统到底是用来"做什么"的。需求分析至关重要,它具有决策性和方向性,一旦需求分析产生了大的偏差,会对后续阶段产生非常不利的影响。

2. 系统设计

通过系统需求分析搞清楚所要开发的物联网应用系统是用来"做什么"之后,接下来的任务就是"怎么做"。系统设计阶段是一个把需求转换为表示的过程,形成设计文档。文档包括物联网应用系统的硬件设计文档和软件设计文档。

硬件设计主要包括物联网应用系统的感知层的感知节点设计、传输层的传输节点与网关节点选型或设计、开发调试工具选型等方面。

软件设计主要包括感知节点传感器驱动程序设计、传输层无线通信协议应用程序设计、传输层网关程序设计、上层人机交互界面应用程序设计。

3. 硬件开发、软件开发

当设计文档齐备，接下来就是物联网应用系统的开发，开发同样包括硬件和软件两部分。

硬件开发主要包括根据感知层的应用需求开发感知节点、传输层的传输节点与网关节点开发。

物联网应用系统的软件开发与传统的软件开发有着很大的不同，整个物联网应用系统从硬件底层到上层应用平台，结合了电子信息与计算机软件两个专业学科。电子专业的单片机编程、嵌入式编程与软件专业的 C＋＋、C♯、Java 编程都可以应用到其中。感知层与传输层的软件开发一般为基于 C 语言的单片机编程、嵌入式编程，上层人机交互界面应用程序软件开发可以选择 C＋＋、C♯、Java 编程。

4. 系统软硬件集成测试

将系统的感知层、传输层、应用层开发的硬件系统、软件系统综合起来，对系统进行全面测试。

5. 发布与维护

将系统发布给市场或客户，及时获取反馈，以进行物联网应用系统的改进和升级。

3.2 物联网应用系统的硬件设计

设计主要包括物联网应用系统的感知层的感知节点设计、传输层的传输节点与网关节点选型或设计、开发调试工具选型等方面，在设计过程中通常需要考虑以下因素：

1. 成本

物联网应用系统的感知层的感知节点、传输层的传输节点与网关节点在系统应用中往往量很大，在做硬件选型时常常不是追求最好的性能指标，而是够用就行。

2. 可扩展性

物联网应用系统中的感知层与传输层根据环境可能需要进行扩展，要求感知节点与传输节点以及网关节点具备灵活的可扩展性。

3. 尽可能选用典型接口芯片和典型外围电路

一方面有利于开发成本的降低，另一方面有利于标准化和模块化。在成本和性能指标允许的情况下，尽量使用 SoC 芯片，以减少芯片数量和外围电路的复杂性，这也有利于提高系统的硬件稳定性和减小系统的硬件体积。

3.3　物联网应用系统的软件设计

物联网应用系统软件设计的一大特点就是软件开发的多样性,每一层的软件开发环境与开发语言都有所不同,大体可分为以下三个部分:

1. 感知层

基于C语言的感知层传感器驱动程序开发。

2. 传输层

传输协议的应用程序开发与网关的应用程序开发,一般选用C或C++语言。

3. 应用层

基于C++、C♯或者Java的人机交互界面开发。

3.4　物联网应用系统设计实例——机械零部件质量检测分拣系统

摘要:针对机械零部件人工质量检测效率低、漏检率高等问题,结合机械零部件质量检测分拣系统的总体要求,对分拣系统的原理、硬件结构、软件系统设计进行了研究,设计了基于物联网技术的软、硬件系统,分拣机构可实现机械零部件的自动输送、质量检测和不良品剔除等各种操作。多次实验结果均表明,该分拣系统达到了预期的功能要求,稳定性好,可以应用于实际生产中。

关键词:物联网　质量检测　分拣系统

3.4.1　研究背景

目前,在轻工、电子、机械零部件等相关行业生产中,对于产品质量的检测需求普遍存在。比如在机械零部件生产中,对于零部件的基本物理规格,如长、宽、高、硬度等方面需要进行仔细检测,对于不合格的产品要进行分类和质量判定。而传统的产品质量人工检测方法不仅效率低下,而且存在错检、漏检率高等问题,检测质量难以保证。鉴于以上背景,我们设计研制了本系统。

1. 国内外研究现状

目前,自动分拣系统在国内各行业的应用水平参差不齐,在邮政物流系统当中应用较好,但在其他行业的应用状况并不理想。国内目前机械零部件生产还是采用人工检测的传统方法,检验工作强度大,效率低,质量难以完全保证。

在国外,轻工、电子行业很多先进企业已实现了产品的智能化生产和检测,但在机械零部件生产方面却依然少见,且由于生产的产品品种、形态不同,检测标准也不同,市场上也无通用型设备可选购,难以满足机械零部件企业检测的定制要求。我们设计研制的系统,为一种全自动化生产线,系统采用最前沿的物联网技术、自动化技术等,实现了对机械零部件质量的快速自动检测,满足了相关行业,特别是汽车零部件企业的需求。

2. 应用领域

本系统实际推广应用能提高机械零部件生产过程中质量检测的技术手段和装备水平,提高产品生产的自动化智能化程度,大大降低劳动密集型环节的人力成本,为企业提高产品生产效率、保证产品质量、降低人员成本发挥关键作用。本系统技术可以拓宽应用到其他相关机械制造工业生产行业中,为这些行业产品提供生产质量检测的先进技术和手段。

3.4.2 需求分析

1. 系统功能描述

系统主要功能有:
(1) 产品条码 ID 识别;
(2) 产品图像摄取;
(3) 产品性能指标在线检测(长、宽、高);
(4) 过程检测数据和对比结果写入 RFID 标签;
(5) 对被检产品按检测结果合格/不合格进行自动分拣;
(6) 远程监控产品检测过程;
(7) 产品检测数量汇总统计查询;
(8) 与企业 ERP 无缝对接,实现产品质量远程管理。

2. 技术指标

主要技术指标:
(1) 检测精度:<1 mm;
(2) 每个产品检测分拣周期不大于 20 秒。

3.4.3 系统设计与实现

1. 系统实现原理

机械零部件质量检测分拣系统安装在自动化生产线的后台服务器上,被检测零部件在轴承传输子系统的自动控制下按照一定的速度在输送带上被传送,当产品进入检测工序时,通过扫描枪获取到产品的 ID,并记录到数据库中,同时,系统会从数据库中查询出该产品的名称,产品类型以及该产品应该达到的标准,接下来,系统将会捕获产品的图像信息,并上传至服务器,供远程监控使用。随后,产品将依次经过霍尔传感器、超声波传感器和红外传感器区域,当产品经过传感器区域时,传感器获取的数据将通过扩展模块节点,使用 ZigBee 协议传送数据至协调器,然后协调器将采集到的数据发送至服务器,系统会对采集的数据和该产品应该具有的标准特征进行分析比较,对比结果将会在产品经过 RFID 读卡器时,写入产品的 RFID 标签中,测量数据和每个特征的对比结果以及最终是否合格的结果都将写入该产品的 RFID 标签中,当产品经过分拣机构时,系统会从服务器中查询到该产品的检测结果,如果为良品,分拣机构将不做任何动作,产品自动进入良品区,否则分拣机构的汽缸将会工作,将不良品推至不良品区,从而实现对机械零部件是否合格的自动分拣处理。系统总体硬件结构方案如图 3-1 所示。

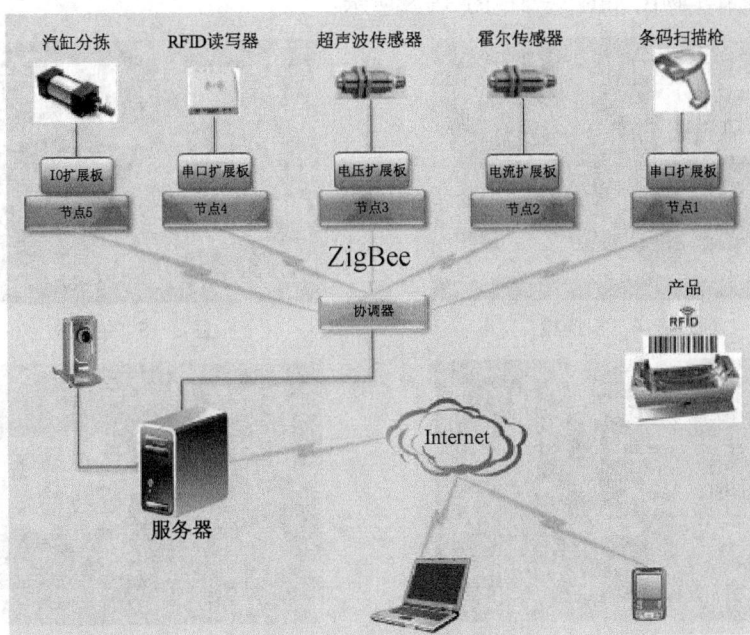

图 3-1 系统硬件结构图

系统硬件实物图如图 3-2、图 3-3 所示。

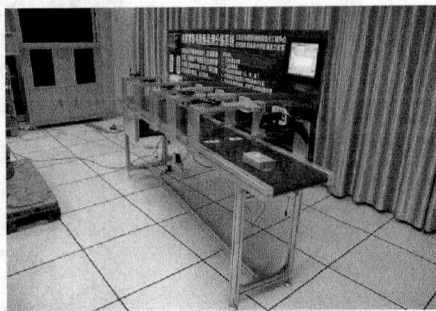

(a)   (b)

图 3-2 系统硬件实物图 1

(a)

(b)

图 3-3　系统硬件实物图 2

其中各细节实物图如图 3-4～图 3-8 所示：

图 3-4　扫描枪

图 3-5　摄像头

图 3-6　超声波传感器

图 3-7　红外传感器

图 3-8　RFID 读写器和分拣机构

2. 数据库设计

根据系统需求分析,系统后台数据库共设计了以下 3 张表,见表 3-1～表 3-3 所示。

表 3-1 产品类型表

字段	数据类型	备注
ID	int	标识列
产品类型 ID	nvarchar(20)	产品类型 ID
类型名称	nvarchar(20)	产品类型名称
规格 1Min	float	规格 1 最小值
规格 1Max	float	规格 1 最大值
规格 2Min	float	规格 2 最小值
规格 2Max	float	规格 2 最大值
规格 3Min	float	规格 3 最小值
规格 3Max	float	规格 3 最大值

表 3-2 产品质量检测表

字段	数据类型	备注
ID	int	标识列
产品 ID	nvarchar(20)	产品 ID
长度测量值	float	长度测量值
长度是否合格	int	长度是否合格
宽度测量值	float	宽度测量值
宽度是否合格	int	宽度是否合格
高度测量值	float	高度测量值
高度是否合格	int	高度是否合格
最终检测结果	int	是否合格产品

表 3-3 临时表

字段	数据类型	备注
ID	int	标识列
产品 ID	nvarchar(20)	产品 ID
长度测量值	float	长度测量值
宽度测量值	float	宽度测量值
高度测量值	float	高度测量值

3. 系统工作流程

系统安装在自动化生产线的后台服务器上,被检测零部件在轴承传输子系统的自动控制下按照一定的速度在输送带上被传送,当产品进入检测工序时,通过扫描枪获取到产品的 ID,并记录到数据库中,同时,系统会从数据库中产品类型表中查询出该产品的名称、产品类型以及该产品应该达到的标准,与此同时,系统也将捕获产品的图像信息,并上传至服务器,供远程 Web 监控使用。随后,产品将依次经过霍尔传感器、超声波传感器和红外传感器区域,当产品经过传感器区域时,传感器获取的数据将通过奥尔斯套件的扩展板模块节点,使用 ZigBee 协议将数据传送至协调器,然后协调器将采集到的数据发送至服务器,并保存到临时表中,系统会对采集的数据和该产品应该具有的标准特征进行分析比较,对比结果将会在产品经过 RFID 读卡器时,写入产品的 RFID 标签中,测量数据和每个特征的对比结果以及最终是否合格的结果都将写入该产品的 RFID 标签中,当产品经过分拣机构时,传感器会检测到有产品经过,此时系统会从服务器中查询到该产品的检测结果,如果为最终检测结果的数据为合格,则该产品为良品,分拣机构将不做任何动作,产品自动被传送至良品区,否则扩展板模块的继电器开关将会打开,分拣机构的汽缸将会工作,将不良品推至不良品区,从而实现对机械零部件是否合格的自动分拣处理。

系统工作流程如图 3-9 所示。

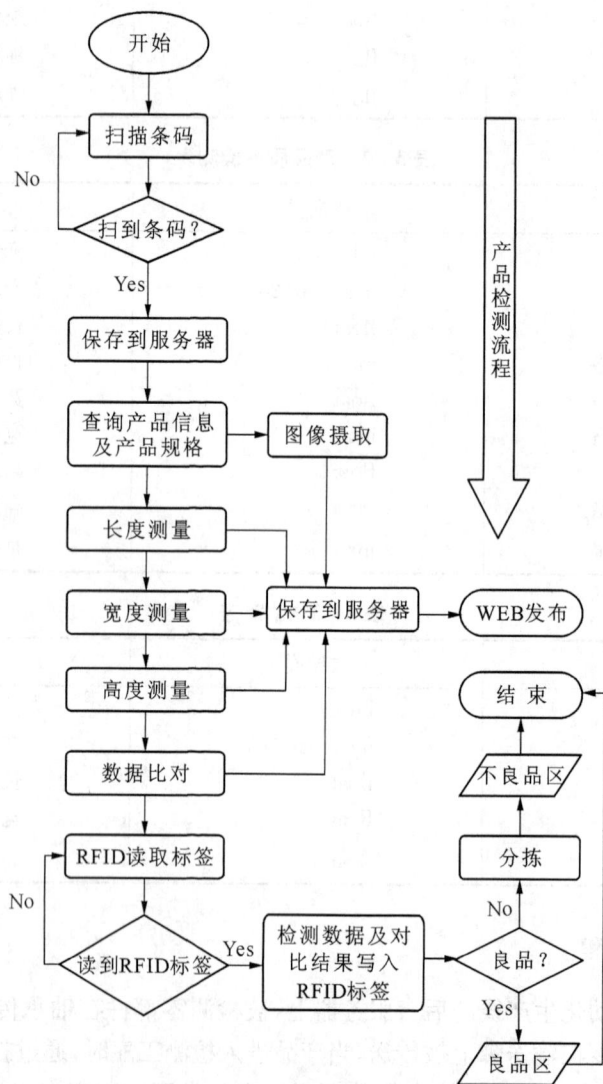

图 3-9　系统软件流程图

系统运行后远程监控界面如图3-10所示:

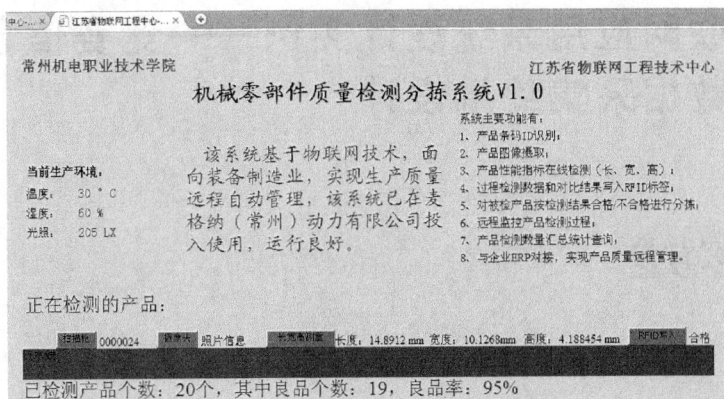

图3-10 运行界面图

3.4.4 系统测试及结果

系统对20个产品(良品19个,不良品1个)进行测试,分拣正确率达到100%,分拣精度达到既定目标,分拣周期小于20秒,达到了预期的功能要求。

3.4.5 结语

针对机械零部件人工质量检测效率低、漏检率高等问题,根据机械零部件质量检测分拣系统的控制要求,本系统选择了以北京奥尔斯物联网套件为核心组件,并配以RFID读写器、扫描枪、摄像头、红外传感器等其他硬件,所编制机械零部件质量检测分拣系统实现了对产品的长、宽、高等物理特征的检测和分拣控制。通过多次实验验证整个控制系统,达到了预先制定的功能要求,稳定性好,可以应用于实际生产。

3.4.6 谢辞(略)

3.4.7 参考文献

[1] 张振祥,袁云龙,陈廉清.微小轴承表面缺陷检测中的自动分拣系统设计[J].机电工程,2010(5):39-41.

[2] 来俊.插针外径自动测量分选系统的研制[D].哈尔滨工业大学,2006.

[3] 张斌.物料自动分拣实验系统设计与研究[D].湖南师范大学,2010.

[4] 于润祥.轴承钢球质量在线检测与分选控制[D].济南大学,2010.

[5] 戴绍新.敏感元件电参数自动分选系统研究[D].华中科技大学,2004.

3.5 物联网应用系统设计实例——竞赛信息系统无线数据采集终端设计

3.5.1 研究背景

国内外研究现状

综合性运动会的信息传输和处理过程都有很强的精确性和实时性的要求,因此国外各家厂商都在为这一目标不断改善硬件性能,提高软件运行速度,以求达到更高的标准。自1932年洛杉矶奥运会开始,Omega公司为奥林匹克运动会提供计时设备,譬如在1963年制造了全球第一台可以显示千分之一秒准确度的终点摄影装置,即世界上首台电子计时仪,在1967年推出了游泳赛事专用的"触垫式"计时仪。这一系列的硬件更新为更准确的判定结果提供了大量的便利。配合硬件更新,综合性运动会的竞赛信息系统也初具雏形,自1992年的巴塞罗那奥运会开始,法国源讯公司作为欧洲一流的电子企业解决方案供应商和系统集成商,为奥运会提供竞赛信息系统服务,作为奥运会的信息技术系统集成商,源讯公司负责信息技术基础架构的设计、建设以及运营。在2008年北京奥运会上,源讯公司的角色就是将提供计时、记分以及现场结果服务的欧米茄公司,提供照片和成像系统的柯达公司,提供计算机硬件和服务器的联想公司,提供音频、视频设备的松下公司,提供无线通讯设备的三星公司,提供通讯服务的中国网通、中国移动两家运营商,提供互联网传媒平台的搜狐网的服务都集成在一起,保证各个硬件设备和软件系统正常运行。

在国内,竞赛信息系统起步虽然晚,实际经验也相对较少,但是竞赛信息系统也有较大的发展。目前相对出色的有昆明体育电子设备研究所研制的网球计时记分系统,佛山擎天科技有限公司开发的跆拳道、柔道计时记分系统,江苏金陵体育器材股份有限公司研制的田径、举重电子计时记分设备,以及北京华夏民生科技发展有限公司生产的评分类项目的评分设备,以上设备和系统均在国内一些中小型竞赛中有所应用。不过,更多高水平、高要求的赛事仍然要使用国外引进的先进计时记分设备。

主要研究内容

结合Android开发技术和无线通讯网络两大技术,研究并设计一个相对可靠、稳定以及高效的竞赛信息系统。内容主要包括:

1. 前端设备的硬件结构选择

前端数据采集器是整个竞赛信息系统的数据来源,也是竞赛数据采集的执行部件。本课题提出基于Android平台的前端硬件方案。

2. 前端设备的软件设计

前端设备的软件设计从开发环境搭建开始,还包括操作系统版本的比较和选择,基于Android平台所设计的前端数据采集应用程序,为裁判员或现场技术人员提供一套友好的操作界面,尽量减少操作难度,减少误操作发生的可能性,增强数据采集器的可用性。

3. 设备组网方式选择

引入无线通讯技术,能让竞赛信息系统提升其部署机动性,减少在布线环节造成的时间、精力以及费用的浪费。

3.5.2 系统可行性分析

1. 系统可行性方案分析

在以往的国内外综合性体育赛事的数据采集设计中,大量采用基于嵌入式平台和无线采集技术的前端硬件方案。涉及了 S3C2410 最小系统、无线通讯模块、按键键盘输入模块、LCD 显示模块的电路原理设计,嵌入式 WinCE 操作系统的定制,基于 WinCE 平台所设计的前端数据采集应用程序的开发过程。最终目的是为裁判员或现场技术人员提供一套友好的操作界面,尽量减少操作难度,减少误操作发生的可能性,增强数据采集器的可用性。

随着智能设备技术的不断发展,市场上出现了一些用户认可度比较高的平台,经过查找资料和调研,得到四套方案,见表 3-4 所示。

表 3-4 设计方案

方案号	操作系统	硬件平台	优势	劣势
方案一	WinCE	S3C2410 开发板	扩展性非常好,方便添加外围设备	需要外加 Wi-Fi 模块才能进行通讯,需要外加电池才能自由移动工作,产品不够完整
方案二	Android	HTC Desire HD	设备性能好,程序开发简单,可移植性强	对于当前平台来说,续航能力较弱
方案三	IOS	Apple iPhone 4S	系统体验性好,具有完整的开发工具	设备价格高,需付费获得开发资格
方案四	Windows Phone	Nokia Lumia 800	Windows Phone 系统和 Windows 桌面系统兼容性非常好	Windows Phone 系统刚在大陆上市,开发和学习有一定不便

经过以上比较,可以得出方案二更适合本课题的实现,也更符合现代综合性体育赛事发展需要,因此采用基于 Android 系统的 HTC Desire HD 作为本设计的开发平台,在此平台上进行后续开发。

2. 系统结构设计

由于是选用完整的商业化平台进行设计,设计过程便分为四个步骤:第一步是选择系统硬件平台;第二步应根据用户需求来选择合适的操作系统版本;第三步,将系统内核源代码烧录到硬件平台的 Flash 中;在完成嵌入式操作系统的搭建后,第四步是基于 Android 开发技术平台的开发过程,最终得到用于采集竞赛数据的应用程序。数据采集终端系统结构如图 3-11 所示。

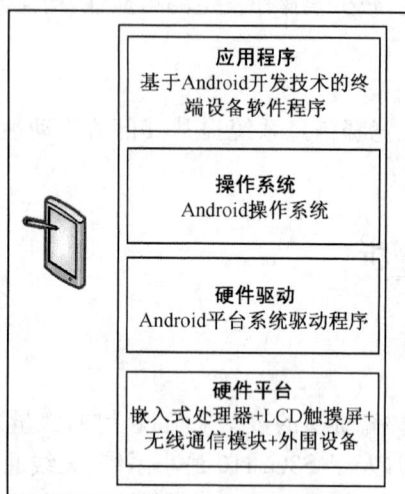

图 3-11 数据采集终端系统结构图

3.5.3 竞赛信息采集终端设计

数据采集终端是竞赛信息系统的核心组成部分,也是本课题的主体所在。针对传统有线数据采集器的设计不足,提出了基于嵌入式系统和无线通信技术的前端数据采集设计方案,实现竞赛数据的实时、准确、可靠采集以及传输工作。

软硬件方案选择

竞赛信息采集终端的硬件结构是以高通公司的 ARMv7 信息采集构架的 45 纳米单核心技术的 MSM8255 处理器作为中央管理控制单元,并与扩展设备组成外围设备,其中外围模块包括电源模块、LCD 触摸屏、无线通讯模块、USB 通信模块、存储模块等,经过 USB 口连接 PC 机进行调试仿真开发。基于以上内容,终端平台总体结构如图 3-12 所示。

根据 3.5.2 节系统可行性方案分析中已经得出的 Android 平台非常适合本项目的结论,在本节中,将对具体原因进行阐述。

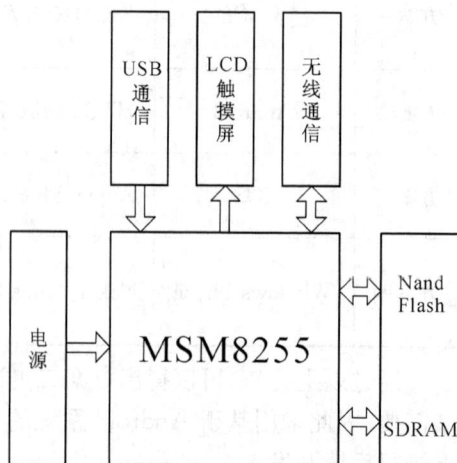

图 3-12 终端硬件平台结构图

1. Android 是一个快速发展的平台

2011 年 12 月份的数据表明,当时每天有超过 70 万的 Android 设备被用户激活,而且这个速度还在递增,并且 Google 公司目前已经实现激活 2 亿台 Android 设备。Android 的设备量已经非常接近 IOS 设备累积销售 2.5 亿台这一数字,即将成为智能手机平台的旗舰。

2. Android 是用 Java 进行开发的

从全球的编程语言排行榜来看,Java 语言一直占据着第一的位置,而用做 iPhone 应用开发的 Object C 语言虽然在 2012 年成为第 5 名,但仍然不及 Java 语言占有率的一半,而在中国,这里有最多的 Java 开发人员。

3. Android 入门容易,代价小

Android 是一个用 Java 语言进行开发,完全不需要获取其他任何开发资质,而且开发平台耗费电脑资源极少,就算在一个一千元钱买的二手电脑上都一样可以进行开发。

4. Android 在中国发展尤其火爆

我们看到中国的各大运营商都已加入到 Android 的开放联盟中,全球各大厂商如 HTC、Moto、三星、索尼等都在生产推出Android平台的智能手机,前段时间山寨机的鼻祖 MTK 也加入到 Android 的开放联盟,这就意味着基于 Android 平台的 MTK 设备很快会面市。

5. Android 在中国有很好的学习氛围

现在在市面上和网络中已经出现大量的 Android 开发教程,在教科书式学习之外还有论坛式学习环境,比如 EOE 运营的中国最大的 Android 开发者社区 eoeandroid 社区,经常和 Google 一起举办 Android 开发者活动,使得 Android 开发者在开发过程中不再迷茫,可以了解到怎样通过 Android 平台实现需要进行的工作。

事实上,只有软硬件配合才能发挥出平台真正的竞争力。

软件总体流程

竞赛信息采集终端实现竞赛信息的实时采集和传输、对从控制端得到的命令消息进行实时响应等业务逻辑,其应用软件基本运行流程如图 3-13 所示。

如图 3-13 所示,在终端启动并完成数据、通信等初始化工作后,开始向控制端发送连接请求,这个过程一方面建立了与控制端的 UDP 通信连接,同时也通知了控制端该采集终端

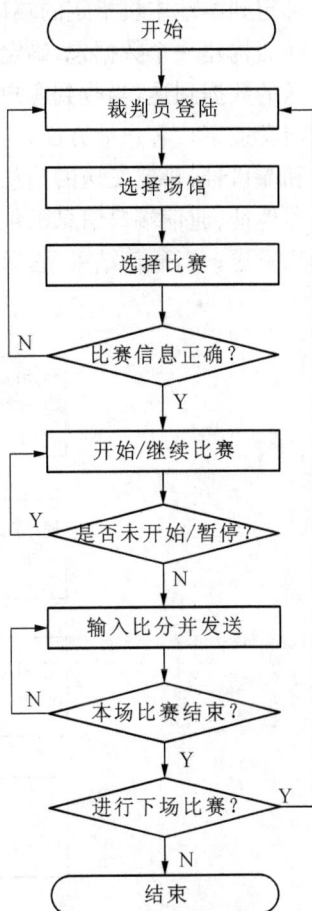

图 3-13 软件基本流程图

已经就绪且开始工作。在一场比赛未开始前,控制端将向终端下发包含比赛初始信息的命令消息,以通知后者即将开始的比赛的具体信息。直至比赛开始前,采集终端一直处于不可操作的锁定状态,此状态直到控制端通知比赛开始并下达解锁命令后结束。在比赛的进行过程中,采集终端主要响应两方面的操作:其一是来自操作人员(裁判)的数据输入,终端及时采集数据并通知控制端做相应更新;其二是来自控制端的命令消息,通常有比赛开始/结束、状态汇报、继续/暂停状态汇报等,采集终端收到命令后根据通信协议执行相应的操作。当前比赛结束后,采集终端完成竞赛信息采集并重新进入裁判员登录状态,此时可以选择退出程序或等待下一场比赛的执行裁判员进行登录。

网络通信

Socket 通常也称作"套接字",应用程序通过"套接字"向网络发出请求或者应答网络请求。Socket 通信以其传输速度快且稳定的优点在程序开发中应用非常的广泛。根据连接启动的方式以及本地套接字要连接的目标,套接字之间的连接过程可以分为三个步骤:双方初始化,客户端发送数据、服务器接收数据,关闭服务。

如图 3-14 所示,在服务器端,当应用软件开启后,首先构造一个数据包套接字,并将其绑定到本地主机指定的端口上,套接字将被绑定到通配符地址,内核为其选择一个 IP 地址,随后构建一个数据包,确定数据内容和数据长度,服务器随即进入监听状态,等待客户端发送的数据到达,当收到客户端发送的数据后进行存储,供后续服务使用,随后服务器关闭当前套接字。客户端方面,与服务器端操作大致相同,开始时客户端需要绑定本机的 IP 地址和端口号,将要发送的信息转化为 byte 型,再构建一个数据包,将数据内容、数据长度、服务器地址、通信端口信息都包含进去,接着只要调用 DatagramPacket() 类的 send 方法进行消息发送。当通信结束后,通信双方都会调用 close() 函数关闭 Socket 的连接。

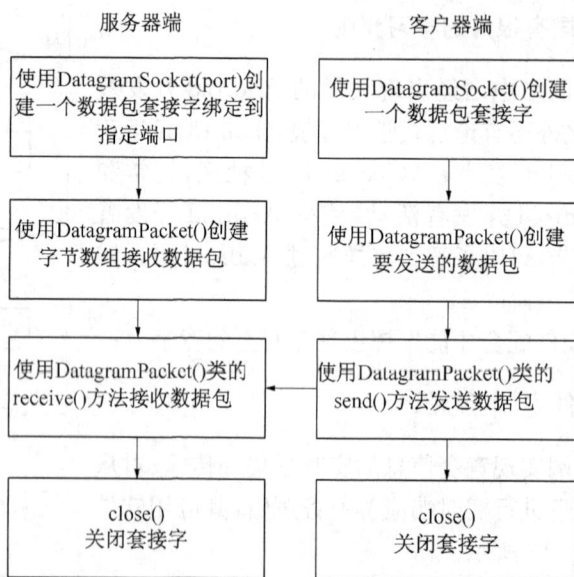

图 3-14 UPD 通信流程

3.5.4 信息采集终端软件设计

开发平台搭建

Android 对操作系统要求不高,可在 Windows XP 及其以上版本、Mac OS、Linux 等操作系统中运行。Android 开发所需要软件见表 3 - 5 所示:

表 3 - 5 Android 开发所需软件

软件名称	版本	下载地址
JDK	1.6	http://java.sun.com
Eclipse	3.6.1	http://www.eclipse.org
Android SDK	r16	http://developer.android.com
ADT	15.0.0	http://dl-ssl.google.com/android/eclipse/

首先在电脑中安装 JDK(Java Development Kit),双击已经下载好的安装包,按照提示点击下一步,直至完成。然后安装 Java 开发环境 Eclipse。安装结束之后,再安装 Android SDK,Android SDK 安装完毕后,将其下 Tools 文件夹的路径添加在 Windows 环境变量中,并用分号与之前的环境相隔。最后在 Eclipse 的 Help 菜单中 install new software 里添加 http://dl-ssl.google.com/android/eclipse/路径安装 ADT(Android Development Tools)。此时,Eclipse 面板上出现 Open the Android Virtual Device Manager 图标,在此处可以配置不同版本的 Android 虚拟机,现在最新的 Android 虚拟机系统是 Android 4.0.3。至此,Android 开发平台基本搭建完成。可以新建一个 Android 测试程序"Hello world"来测试平台是否能够顺利运行,若可以顺利运行,则可以进行程序开发。

软件设计与开发步骤

数据采集终端软件程序的开发采用 Eclipse 集成开发环境,它是在 Windows 操作系统下基于 Java 开发技术进行软件开发的一套非常实用的工具集。可以进行包括 Java应用程序、C/C++(CDT)、Perl、Ruby、Python、telnet 和数据库开发。最新版本是 Eclipse 4.2 Juno,本课题使用的是 Eclipse 3.7.1,此版本配合 ADT 插件支持在 Android 操作系统下的应用程序。图3-15 是在 Eclipse 3.7.1 中新建一个智能设备项目。

使用 Eclipse 集成开发环境开发设计嵌入式系统应用程序的具体步骤为:

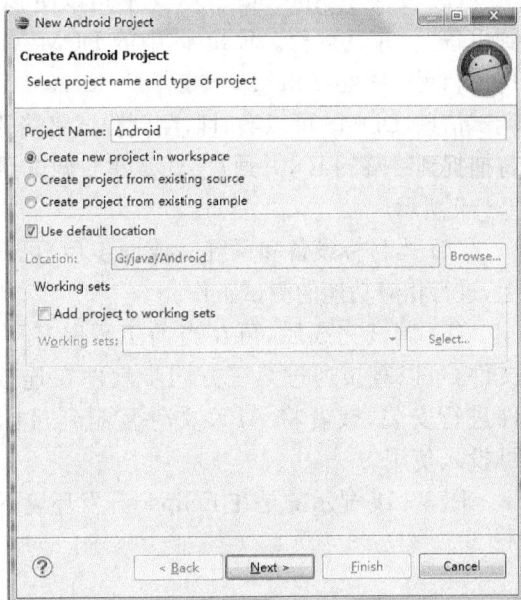

图 3 - 15 创建一个 Android 设备项目

（1）在 Eclipse 中建立 Android 设备开发项目，并根据当前设备操作系统的类别选择合适的目标平台版本号，如图 3－16 所示。

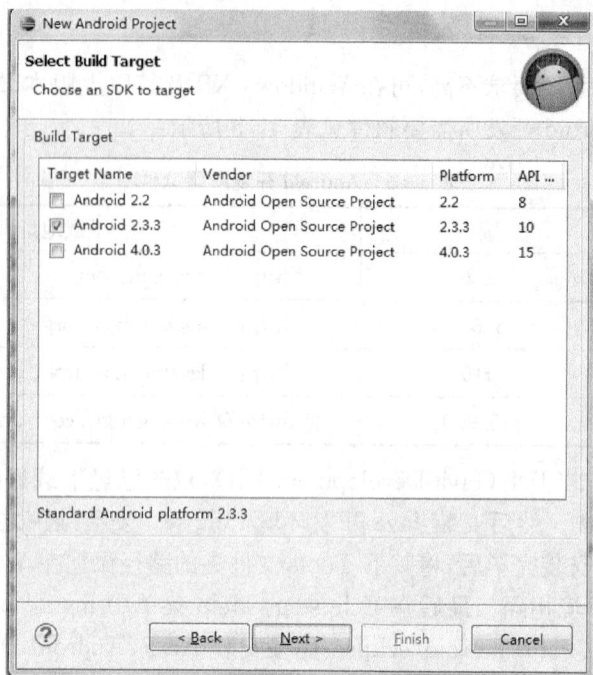

图 3－16　选择目标平台版本号

（2）基于 Eclipse 和 ADT 集成开发环境提供的类库和工具进行应用程序的界面设计，后台业务类的编写等工作。

（3）安装了 Android SDK 之后可以使 Eclipse 在调试时通过 USB 接口将软件直接安装到设备上，并且运行。Eclipse 中的 DDMS（Dalvik Debug Monitor Service）插件将搭建起 IDE 和测试终端（Emulator 或者 Connected Device）的连接，他们应用各自独立的端口监听调试信息，DDMS 可以实时监测到测试终端的连接情况。当有新的测试终端连接后，DDMS 将捕捉到终端的 ID，并通过 ADB 建立调试器，从而实现发送指令到测试终端的目的，如图 3－17 所示。

（4）当目标设备和系统完成同步后，可直接将 Eclipse 中编写的程序运行在目标设备上，进行相应功能的测试工作。

（5）调试完成后，可在当前工程路径下的 bin 文件夹中找到用工程名命名的 APK 文件，可以直接通过第三方同步软件在连接 USB 设备的情况下在电脑上双击 APK 文件进行安装，或者将 APK 文件复制到目标设备的存储器中，再双击进行安装，之后便可投入使用。

图 3－18 显示的是在 Eclipse 开发环境下对应用程序进行开发调试的流程。

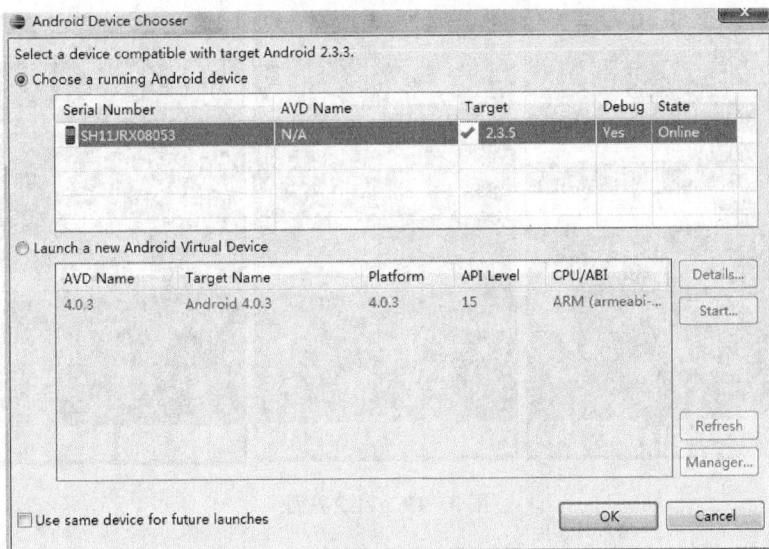

图 3 - 17　调试终端选择(Emulator 或 Connected Device)

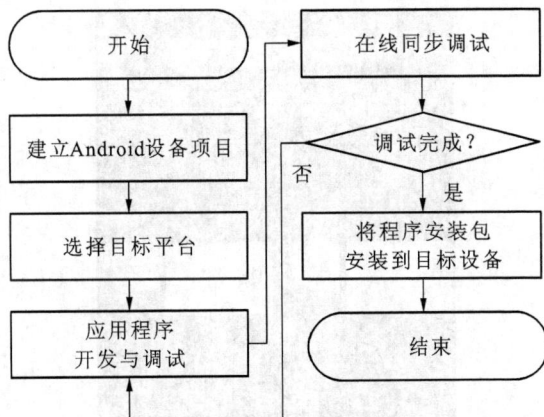

图 3 - 18　应用程序开发调试流程图

软件界面设计

1. 欢迎界面

图 3 - 19 左图为程序欢迎界面,用于裁判员登录系统,验证登录者是否为裁判员,如果为非裁判员,或者不知晓裁判员账户以及密码,将无法进入评分系统。

本界面一共设计了 7 个控件,其中包括 3 个 TextView 控件,用于显示相应文本;2 个 EditView 控件,用于输入裁判员的账号和相应密码;2 个 Button 控件,用于进行登录和退出操作。

2. 加分界面

本界面用于裁判员开始、暂停、终止比赛,以及对参赛双方进行加减分操作。

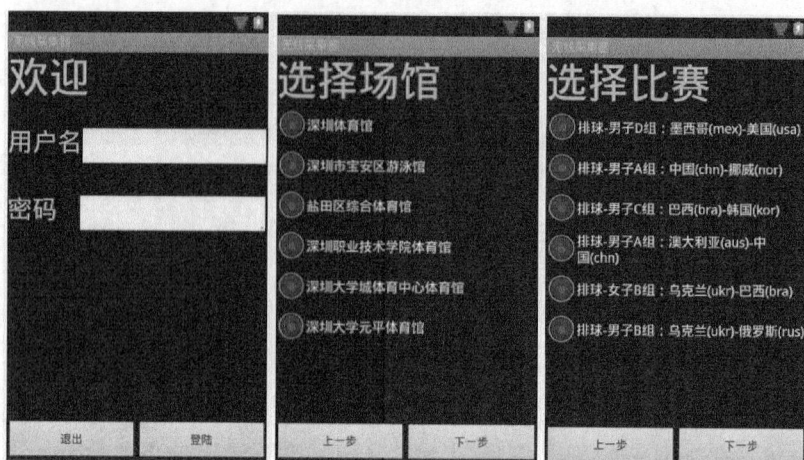

图 3－19　系统界面

如图 3－20 所示,本界面一共设计了 12 个控件。由于该界面内容设定为动态显示,在设计界面中没有显示完全。

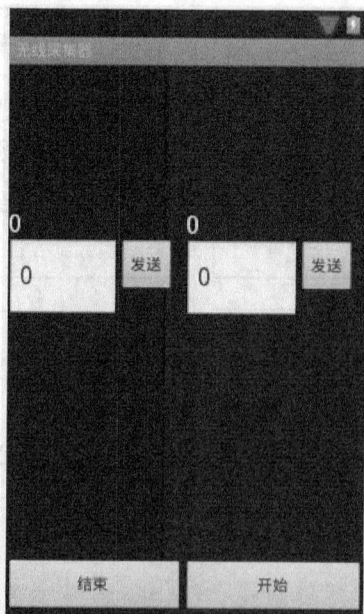

图 3－20　加分界面

其中包括了 4 个 TextView 控件,用于显示比赛双方队伍名称和当前得分;2 个 ImageView 控件,用于显示比赛双方的国旗,让界面更直观;2 个 EditText 控件,用于输入本次要加的分数,支持带符号参数;4 个 Button 控件,其中 2 个用于向服务器端发送加分信息,另外两个用于控制比赛状态。

3.5.5 信息采集系统测试

信息采集系统是负责体育竞赛的赛事数据采集、处理、传输的专用系统。由于体育比赛的不可重复性,在系统正式投入使用之前,必须做好测试,提高系统产品的质量,有效减少漏洞数量,减少缺陷和使用风险。

终端的硬件测试主要针对外围设备的性能以及状态测试,具体内容见表 3-6 所示。

表 3-6　终端硬件测试内容

硬件设备	测试内容
LCD 显示屏	屏幕显示的图像,色彩是否正常,是否有坏点
按键	灵敏度,按键准确性
无线网卡	稳定性,持续性,抗干扰性
USB 接口	与上位机同步
电池	续航能力

1. 检查 LCD 显示功能

LCD 液晶显示屏是由大量的像素点组成,能够显示黑白两色和红,黄,蓝三原色。再由这些基本像素点进行组合,形成我们平时所见的图像。在系统提交使用之前,可通过使 LCD 全屏填充特定颜色单元的方法来检查是否有像素点显示某种颜色时无法产生颜色变化的问题,这是检测是否存在坏点、暗点的方法,如坏、暗点数量少,且不会影响裁判员评分,则可适量忽略此类问题,如坏、暗点数量多,只能通过更换液晶屏来解决问题,若屏幕整体颜色出现反常,则应先检查液晶显示排线是否接好,如接好后仍存在问题,则应更换液晶屏。

2. 检查触摸屏功能

输入键盘是由电容式触摸屏仿真的,在检查时应结合软件,检查触按触摸屏时是否有反应,若出现无响应或者错误响应,应先检查屏幕表面是否有污浊,若有污浊,经清理并确认屏幕表面无其他异物后,仍无法解决问题,则需要通过更换触摸屏模块键或者更换整个设备来解决问题。

3. 检查无线网卡功能

无线数据采集器在比赛时通过无线通信模块接入无线局域网内与其他子系统交换竞赛数据,因此对无线通信模块所提供的信号的强度及稳定性进行测试具有十分重要的意义。本课题研究人员对无线数据采集器进行了持续、大量的通信检测,表 3-7 为分别在 10 米、30 米以及 50 米的距离下,进行通信测试的结果。

表 3-7　无线数据采集器通信情况

丢包率 ＼ 距离 ＼ 轮次	10 米	30 米	50 米
第一轮	1%	2%	4%
第二轮	1%	3%	3%
第三轮	1%	2%	4%

通过以上测试发现，无线数据采集器的通信状况良好，又由于传输协议使用的是 UDP 协议，UDP 协议的传输速度快，减少了丢包带来的影响。

4. 检查电池续航

电池的续航能力也是测试无线数据采集器硬件平台的一项指标，DHD 采用了一块电容量为 1 230 mAh 的锂电池，相对于 4.3 英寸的手机产品中，电池容量偏小，但是在日常应用中，可以每 10 小时充电一次。如关闭移动通信网络，只打开 Wi-Fi 网络，续航能力可大大提升。

3.5.6　终端软件测试

将经过测试的 Android 操作系统烧录到硬件平台上。其重点包括当前硬件设备信息获取及超级管理员权限获得的过程，并通过 USB 线将系统包存到设备存储器中，使用 Recovery 来烧录到 Android 设备的 Flash 存储器中。

将用 Eclipse 编写完成的 Android 应用程序存储到嵌入式平台的 Flash 存储器中，运行安装包进行安装，顺利安装完毕后即可打开。程序打开后根据提示逐步操作，最终进入裁判员记分界面。

3.5.7　结　语

本课题结合嵌入式系统和无线采集技术对信息采集终端系统进行了设计与开发。提出基于 Android 系统与无线采集技术的竞赛信息系统总体设计方案。根据系统方案设计要求，在硬件平台搭建方面主要对硬件平台进行选择，在软件系统开发上，利用 Android 系统开放环境完成前端数据采集应用程序的编写工作，同时利用无线通信协议保证数据能够被正确发送和接收。

最后在完成整个竞赛信息采集终端的设计开发工作后，模拟真实比赛流程，对终端进行软硬件集成测试。

3.5.8　谢　辞（略）

3.5.9　参考文献

［1］陈思宁.基于无线通信技术的艺术体操竞赛信息测报系统研究［D］.常州:河海大学,2009.

［2］张思民编著.嵌入式系统设计与应用［M］.北京:清华大学出版社,2008.

［3］于海平.基于 ARM 的嵌入式系统的研究和设计［D］.南京:东南大学,2007.

［4］杨丰盛编著.Android 应用开发揭秘［M］.北京:机械工业出版社,2010.

［5］林生,范冰冰,韩海雯,张奇支编著.计算机通信与网络教程［M］.北京:清华大学出版社,2008.

第 4 章

管理信息系统设计
（软件技术专业）

4.1 管理信息系统设计一般原则

管理信息系统的概念和应用领域非常广泛，它是管理技术和信息技术不断融合的产物。简言之，管理信息系统是一个以信息技术为工具，具有数据处理、预测、控制和辅助决策功能的系统。通常情况下，我们所说的管理信息系统指的是电子业务系统，它主要针对一个组织（多指企事业单位）内部的具体业务过程而建立，主要服务于这个组织的内部管理活动。比如人力资源管理系统、会计信息系统、图书管理系统、教务管理系统、生产业务管理系统、铁路车票发售系统、医院信息系统等。建设管理信息系统，就是要对组织内部的实际工作和业务进行分析，建设开发出一个适用于此单位的信息系统。

4.2 管理信息系统体系结构

管理信息系统的体系结构主要分为客户机/服务器模式（Client/Server，简称 C/S 模式）和浏览器/服务器模式（Browser/Server，简称 B/S 模式）。

4.2.1 C/S 模式（客户服务器模式）

C/S 模式在逻辑上将数据管理和业务应用分离开来，传统的 C/S 模式是一种两层结构的系统，第一层是在客户机系统上结合了表现层与业务逻辑（"胖客户"），第二层是通过网络结合了数据库服务器，如图 4-1 所示。

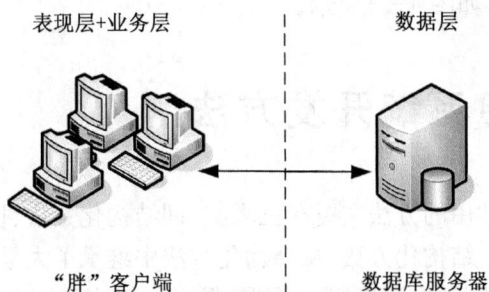

表现层+业务层　　　　　　数据层

"胖"客户端　　　　　　数据库服务器

图 4‒1　两层结构的 C/S 模式

这种模式也可以扩展到多层，即通常所说的 N 层结构。N 层结构中比较常见的是三层，即将系统按逻辑可以分为表现层、业务层和数据层。其中表现层仅仅负责与用户交互，所有的业务处理活动均交予中间层，因此表现层比较精简，通常形象地称为"瘦客户"，如图 4‒2 所示。

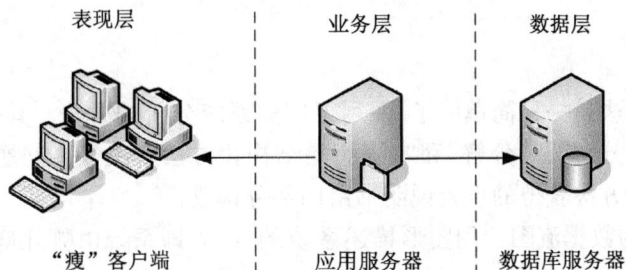

表现层　　　　　　业务层　　　　　　数据层

"瘦"客户端　　　　应用服务器　　　　数据库服务器

图 4‒2　三层结构的 C/S 模式

一般认为，交互性强是 C/S 模式的最大优点。在 C/S 中，客户端有一套完整应用程序，在出错提示、在线帮助等方面都有强大的功能。由于服务器连接个数和数据通信量的限制，这种结构的信息系统适于在用户数目不多的局域网内使用。

4.2.2　B/S 模式（浏览器服务器模式）

在 B/S 模式中，客户端运行浏览器软件，浏览器以超文本形式向 Web 服务器提出访问数据库的要求，Web 服务器接受客户端请求后，将这个请求转化为 SQL 语法，并交给数据库服务器，数据库服务器得到请求后，验证其合法性，并进行数据处理，然后将处理后的结果返回给 Web 服务器，Web 服务器再一次将得到的结果进行转化，变成 Html 文档形式，转发给客户端浏览器，以友好的

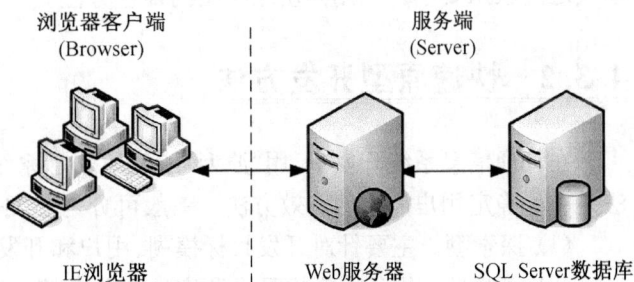

浏览器客户端　　　　　　　　服务端
(Browser)　　　　　　　　　(Server)

IE浏览器　　　　Web服务器　　　SQL Server数据库

图 4‒3　B/S 体系结构

Web 页面形式显示出来,如图 4 - 3 所示。

4.3 管理信息系统开发方法

目前信息系统开发常用的方法主要有三大类,即结构化方法、快速原型法和面向对象的方法。后两种方法均源于结构化方法,从结构化方法中继承了大量有益的理论和具体方法。在实际工作中,很难说用哪种方法更好,往往需要综合各种开发方法的优点,并结合实际情况,形成一套有自己特色的一整套开发思路或开发方法。

4.3.1 结构化开发方法

结构化开发方法是基于瀑布模型提出的,是目前最成熟、应用最为广泛的管理信息系统开发方法之一,是"结构化分析"和"结构化设计"的统称。

1. 结构化分析

结构化分析方法是一种简单明了、使用很广的系统分析的方法。其基本思想可以概括为"自顶向下,逐层分解"。"分解"和"抽象"是结构化方法解决复杂问题的两个基本手段。一般用结构化分析方法获得的系统说明书由四部分构成:

① 一套分层的数据流图。用图形描述系统的分解,即系统由哪几部分组成,各部分间有什么联系等;

② 一本数据词典。说明数据流图中的数据流以及系统中的每一个数据项;

③ 一组加工(处理)说明。结合数据流图,用文字详细描述系统中的每个加工和处理;

④ 补充材料。用以辅助进行系统分析的资料。

2. 结构化设计

结构化设计方法是使用最广的一种系统设计方法。通常分两步:总体设计和详细设计。其基本思想是将系统设计成由相对独立、单一功能的模块组成的结构。模块内部联系要大,模块之间联系要小。采用模块结构图的描述方法。

4.3.2 快速原型开发方法

在管理信息系统开发中,用"原型"形象地表示系统的一个早期可运行版本。原型化方法是一种确定用户需求的有效方法。一般可分为三类:

(1)探索型。主要针对开发目标模糊、用户和开发人员对项目都缺乏经验的情况。

(2)实验型。用于大规模开发和实现之前考核、验证方案是否合适。

(3)演化型。认为系统本质上就是不断演化的,其重点关注问题是如何才能使信息系统适应不可避免的变化。

4.3.3　面向对象开发方法

面向对象方法是一种基于面向对象理念的系统开发方法。它将面向对象的思想应用于软件开发过程中,指导开发活动。从模型角度看,面向对象理论比较适合复杂系统及动态系统建模。

4.4　管理信息系统开发过程

在建设管理信息系统的过程中,按结构化开发方法,通常包括总体规划、系统分析、系统设计、系统实施、运行维护和系统评价 6 个主要阶段。

4.4.1　总体规划阶段

总体规划是管理信息系统建设的第一步。主要是通过初步的、总体的需求分析,回答"系统是什么"的问题,进行可行性论证。主要包括以下工作:

(1) 对组织机构或当前系统进行初步调查。

初步调查的主要内容包括:现行系统的目标和任务、现行系统概况、现行系统的环境和约束条件、现行系统的业务流程和子系统的划分和新系统开发条件。

(2) 分析和确定系统目标。

(3) 分析子系统的组成及基本功能。

(4) 拟定系统的实施方案。

(5) 进行系统的可行性分析。

通常从技术上的可行性、经济上的可行性、管理上的可行性和开发环境的可行性来进行研究。

(6) 撰写可行性分析报告。

总体规划的步骤如图 4-4 所示。

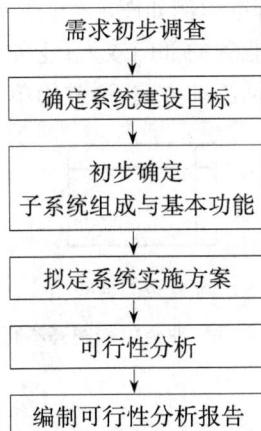

```
┌─────────────────┐
│   需求初步调查     │
└─────────────────┘
         ↓
┌─────────────────┐
│   确定系统建设目标   │
└─────────────────┘
         ↓
┌─────────────────┐
│     初步确定       │
│  子系统组成与基本功能 │
└─────────────────┘
         ↓
┌─────────────────┐
│   拟定系统实施方案   │
└─────────────────┘
         ↓
┌─────────────────┐
│    可行性分析      │
└─────────────────┘
         ↓
┌─────────────────┐
│  编制可行性分析报告  │
└─────────────────┘
```

图 4-4　系统总体规划步骤

4.4.2 系统分析

回答系统需要"干什么"的问题。系统分析阶段的主要任务是开发人员和用户一起，通过详细调查和分析，弄清楚用户的需求，并书写系统需求规格说明书。系统说明书主要有以下3个作用：

① 描述新系统的逻辑模型，作为开发人员系统设计和实施的基础；

② 作为用户和开发人员之间的协议或合同；

③ 作为新系统验收和评价的依据。

业务流程分析和数据流程分析是系统分析的两个非常重要的方法。系统分析的主要步骤如图4-5所示。

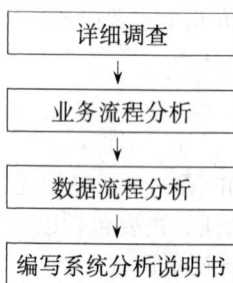

图 4-5　系统分析的主要步骤

1. 详细调查

通过一系列的调研活动，尽可能准确、详细地了解用户需求。

2. 业务流程分析

业务流程分析主要是为了描述现行系统的物理模型。包括调查企业的组织机构、调查企业的具体业务流程、绘制业务流程图、业务流程优化。业务流程图用来表达详细调查的结果，绘制业务流程图时，主要要表述清楚三件事：业务功能是什么、谁负责该项业务以及业务和数据的流动方向。业务流程图基本图例如图4-6所示。其中外部实体表示整个业务流程的起点和终点，通常是参与某项业务的部门或人；业务功能描述需表明某项业务的功能和承担该业务的部门或人；业务和数据流动方向，通常用单箭头表示。

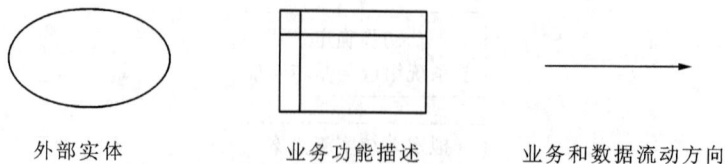

外部实体　　　　　　业务功能描述　　　　业务和数据流动方向

图 4-6　业务流程图基本符号

3. 数据流程分析

通过业务流程分析,建立了系统的物理模型。数据流程分析的任务是在业务流程分析的基础上,建立系统的逻辑模型。数据流程分析的工具主要有:分层的数据流图、数据字典和加工说明。其中,数据流图用图形的方式对系统进行分解,描述系统由哪几部分组成,各部分间有什么联系;数据字典用图表描述系统中的每一个数据组、数据存储和数据项;加工说明有时也称处理说明,是用文字等形式详细描述系统中的每一个基本处理的过程。数据流程分析的主要步骤如图4-7所示。

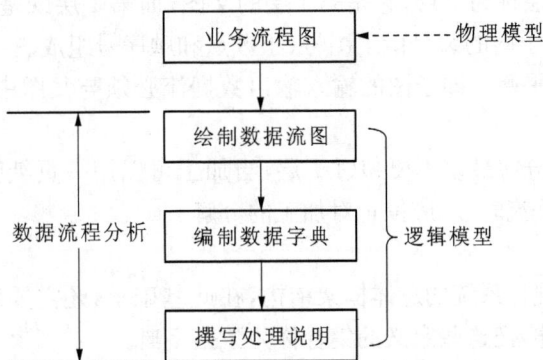

图4-7 数据流程分析的主要步骤

➢ 数据流图

有四种基本符号组成,即数据流、加工(处理)、文件、数据源点或终点。符号如图4-8所示。

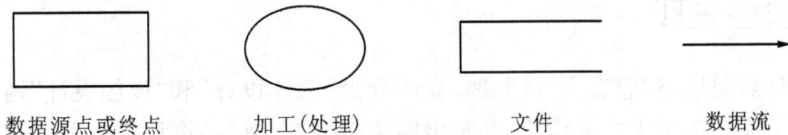

图4-8 数据流图基本符号

➢ 数据流

可以从加工流向加工,也可以从加工流向文件、从文件流向加工,还可以从源点流向加工或从加工流向终点。对数据流的表示通常有以下约定:

① 数据流名字最好能反映出其含义,不能同名;

② 对流进流出文件的数据流不需标注名字,其他的数据流必须标注;

③ 两个加工之间可以有多个不同的数据流;

④ 数据流图描述数据流而不是控制流,业务流程图中的控制流应从数据流图中删除。

➢ 加工

是对数据进行的操作,它把流入的数据流转换为流出的数据流。每个加工都应取一个包含动词的名字,并规定一个编号来标识加工在层次分解中的位置。加工的作用主要是:

① 改变数据的结构;

② 产生新的数据。

➤ 文件

是存储数据的工具。

➤ 数据源点和终点

表示数据的外部来源和去处。它通常是系统之外的人员或组织。

绘制数据流图应遵循以下两个原则：

① 总体上自顶向下逐层分解；

② 局部上由外向里。

绘制数据流图应注意的事项：

① 合理编号。顶层称为 0 层，它是第 1 层的父图，而第 1 层既是 0 层的子图，又是第 2 层的父图，依次类推。子图的编号由子图号、小数点和顺序号组成。

② 子图与父图的平衡。即子图的输入输出数据流必须与父图中对应加工的输入输出数据流相同。

③ 分解的程度。分解最多不要超过 7 层，当加工可以用一页纸明确地表述时，或加工只有单一输入输出数据流时，就应停止对加工的分解。

➤ 数据字典

数据流图描述了现行系统的总体框架结构，在此基础上，还需要对其中的每个数据流、文件和数据项加以描述，把这些定义的集合称为数据字典。

➤ 加工说明

是对数据流图中的"加工"部分的补充说明，描述了某个加工单元的数据处理过程，并且是对数据流图中的最小功能单元的描述。一个好的加工说明，要描述清楚三件事，即数据来源、处理逻辑、数据去向。

4.4.3 系统设计

系统设计就是回答"怎么干"的问题，具体分为"总体设计"和"详细设计"两个阶段。总体设计要划分系统的子系统或模块，并画出模块结构图。详细设计则是确定每个模块内部的详细执行过程，包括编码设计、输入输出设计、人机界面设计、模块详细设计和数据库设计。系统设计说明书是系统设计阶段的主要文档。

1. 数据库设计

所有的管理信息系统都是基于数据库技术的。良好的数据组织结构会提高信息系统的运行效率，是衡量系统开发工作好坏的主要指标之一。

数据库结构设计着重描述数据库的结构及各数据库对象间关系，要尽可能达到第三范式。

2. 数据库设计的主要步骤

（1）概念设计　目标是产生概念模型，描述概念模型的有力工具是"实体—联系"方法，简称 E - R 方法。在 E - R 图中用矩形表示实体，椭圆表示属性，菱形表示联系。实体间的联系一般可分为：

① 一对一的联系(1∶1);

② 一对多的联系(1∶m);

③ 多对多的联系(m∶n)。

(2) **逻辑设计**   主要任务是将概念结构转换成数据模型。

(3) **物理设计**   目标是为逻辑数据模型选取一个最适合应用环境的物理结构。

4.4.4   系统实施

该阶段的工作主要包括系统实现、系统测试和系统切换。系统实现主要指利用某种计算机语言编写管理信息系统应用软件,基本过程如图4-9所示。

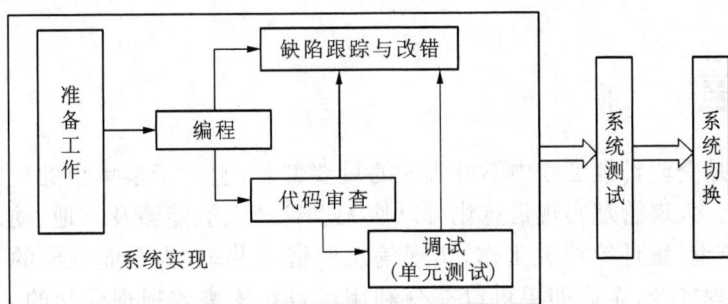

图4-9   系统实现的基本过程

系统测试的任务是发现系统存在的问题,验证和确认系统是否满足系统说明书的全部功能和性能需求。基本过程如图4-10所示。

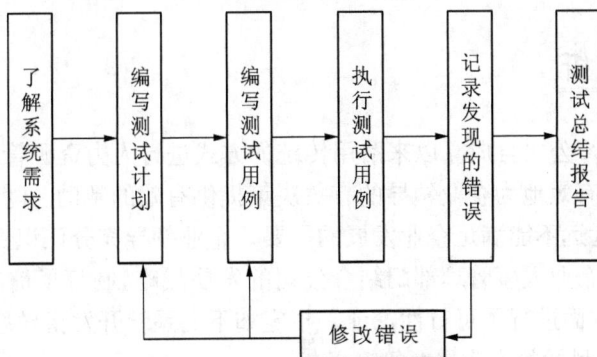

图4-10   测试的基本工作流程

4.4.5   运行维护

此阶段的主要任务是新系统的正常使用和维护,并撰写运行状况报告。系统维护的工作量大而且复杂,其工作量占整个系统开发生命周期的70%左右。主要包括以下方面:

(1) 程序的维护;

(2) 数据的维护;

（3）代码的维护；

（4）设备的维护。

4.4.6　系统评价

系统投入运行一段时间后，为了了解新系统是否达到了预期的目标和要求，同时为了总结开发经验，需要对系统运行后的实际效果进行评价。

4.5　管理信息系统开发实例——企业人事管理系统

4.5.1　前言

人事管理是企业日常工作中不可或缺的重要部分，它对于本单位的决策者和管理者来说至关重要。人事管理实现信息化可以使人事管理人员能够及时地、动态地完成数据信息的录入、查询、统计等相关工作，实现信息的资源共享，为企业领导的有关决策提供有效的支持。现如今，企业如果可以充分利用信息技术来实现现代化的人事信息管理，不仅可以为管理者减少大量繁琐的工作、节省时间和精力，更为企业员工之间构造了一座沟通的桥梁。

本系统采用基于 B/S 模式的三层结构体系，以 Visual Studio 2008 作为开发工具，SQL Server 2005 作为后台数据库为小型企业量身定做人事管理系统。

4.5.2　系统分析

经过初步调查，X公司自成立以来沿用传统的方式进行人力资源管理，不仅繁琐、费时、工作量大，而且不能有效地为企业领导的有关决策提供有效的帮助。随着公司规模的发展，传统的管理方式已远远不能满足企业发展的需要。企业领导充分认识到信息化建设势在必行。为此，我们会同企业人事管理部门结合公司的发展战略，制订了信息化总体规划，并从经济、技术、管理等方面进行了可行性论证。拟定如下的系统开发指导思想：

➢ 要体现现代、科学的人力资源管理思想；

➢ 系统功能避免繁琐、符合实际情况；

➢ 界面友好，操作简单、易用。

在遵循系统开发指导思想的前提下，对系统开发总体任务进行充分理解和逐步分解，确定本系统主要完成员工信息管理、工资管理、考勤管理和用户管理等几个方面的功能。系统实例图如图 4 - 11 所示。

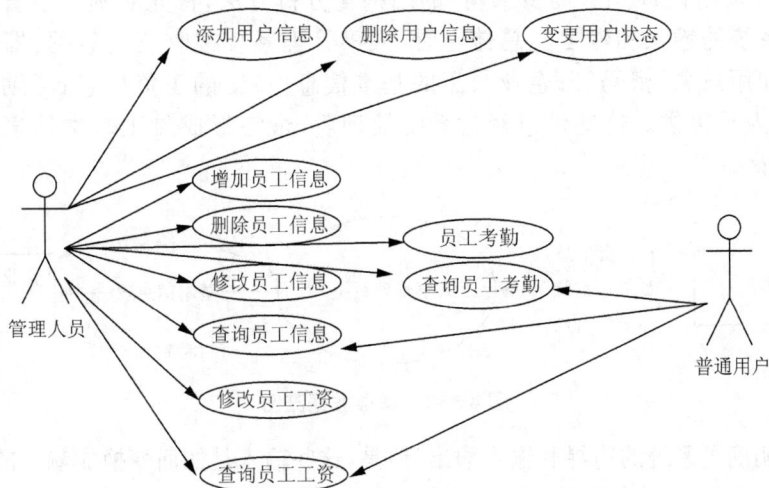

图 4 - 11　实例图

业务流程分析

本系统业务流程如图 4 - 12 所示。进入系统主界面之前,会出现一个验证用户身份的验证对话框。在本系统中用户分为管理员、普通用户两种。它们所授予的权限也不相同。系统可以根据用户的不同权限进入不同的主界面,它们所使用的功能是不一样的。管理员界面可以对登录用户进行增加、删除、修改和查询的操作,而普通用户登录的时候只可以进行修改密码和普通查询功能。

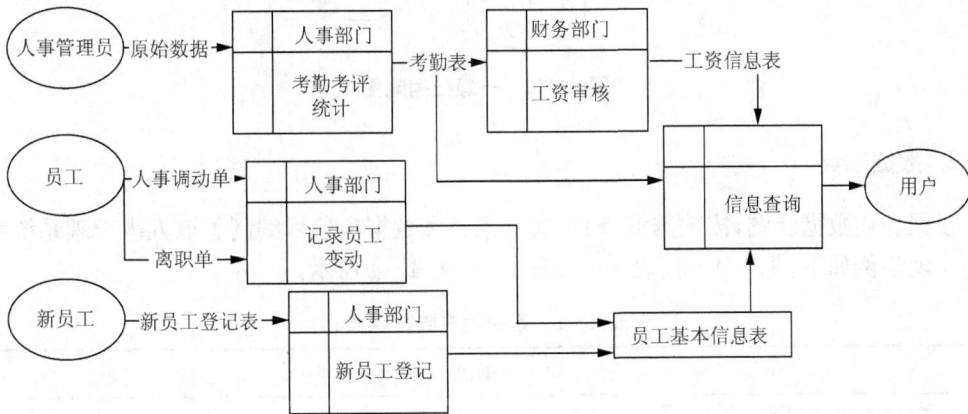

图 4 - 12　系统业务流程图

数据流程分析

1. 数据流图

从业务流程分析可以看出,人事管理的信息边界比较清晰,系统顶层数据流图如图

4-13所示。按"自顶向下,逐步求精"的结构化分析方法,首先明确人事管理系统的边界,以及该系统的输入和输出。总体上看,人事管理系统接收三类数据,即系统用户的相关信息,如用户名、密码等;企业员工的基本信息;员工的工资信息、考勤信息。数据由系统管理人员提供。这些信息经过系统处理后,最终形成员工基本信息表和工资报表供用户查询。

图 4-13　顶层数据流图

顶层图明确了系统的边界和输入输出,但是,这些输入是如何变换成输出的呢?下面将顶层图进一步细化,形成如图4-14所示的一级数据流图。

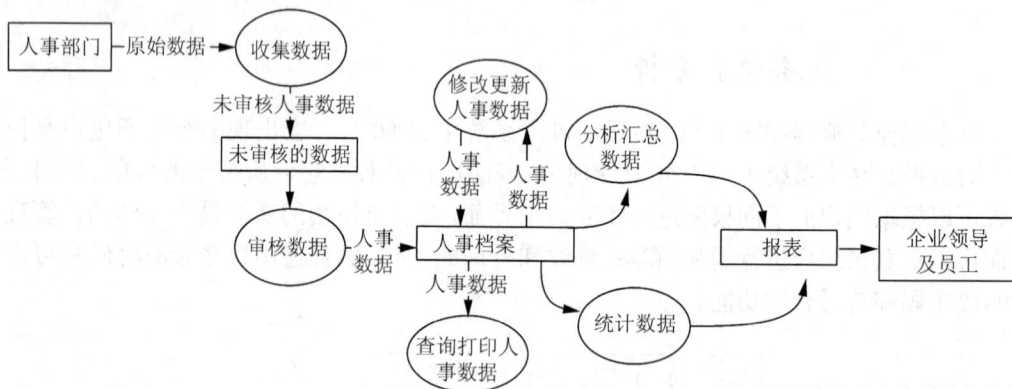

图 4-14　一级数据流图

2. 数据字典

根据上述数据流图,按数据流条目、文件条目和数据项条目编制了该人事管理系统数据字典。现举例如下,见表4-1、表4-2、表4-3、表4-4所示。

表 4-1　系统用户数据字典

数据流	
系统名称:人事管理系统	
模块名称:用户管理	
条目名称:添加用户信息,修改用户信息,删除用户信息,查询用户信息	
数据来源:管理员输入	数据流向:用户添加,修改,删除,查询
数据流结构: 用户信息:(用户名称,密码,类型)	
说明:系统管理员具有添加其他用户的权限。并可以对其他用户信息进行修改,删除和查询权限。	

表4-2 员工信息数据字典

数据流	
系统名称:人事管理系统	
模块名称:员工信息管理	
条目名称:添加员工信息,修改员工信息,删除员工信息,查询员工信息	
数据来源:员工信息	数据流向:用户对信息的调用
数据流结构: 员工信息:(员工工号,姓名,年龄,电话,地址,银行卡等信息)	
说明:员工信息由管理员进行管理,其数据主要是管理员来使用。	

表4-3 员工工资数据字典

数据流	
系统名称:人事管理系统	
模块名称:员工工资管理	
条目名称:发放员工工资,查询员工工资	
数据来源:员工工资	数据流向:发放、查询
数据流结构: 员工工资:(工资序列号,员工工号,资金金额,日期等)	
说明:可以根据员工的出勤,以及工作成绩来得出工资的总额。	

表4-4 员工出勤数据字典表

数据流	
系统名称:人事管理系统	
模块名称:员工出勤管理	
条目名称:记录员工当天的出勤,查询员工出勤情况	
数据来源:员工出勤	数据流向:管理员
数据流结构: 记录出勤:(员工工号,当天的出勤情况,日期) 查询某月出勤(工号,月份)	
说明:企业可以通过出勤来统计员工的工作态度,从而进行奖罚处理。	

4.5.3 系统设计

该人事管理系统建立的根本目标是为了从根本上帮助中小型企业将先进的企业管理方法和理念贯彻到日常的企业经营中去,实现全面的人力资源管理。出于长远的角度考虑系统的维护和使用,在设计时必须尽量减少 Bug 的出现,方便以后数据库的更改不会影响该程序。

总体设计

根据系统分析的结果,在综合分析的基础上,进行了系统总体设计,把系统分为了 5 个功能模块:登录模块、员工信息管理模块、员工工资管理模块、考勤管理模块和系统用户管理模块。系统模块结构图如图 4 - 15 所示。

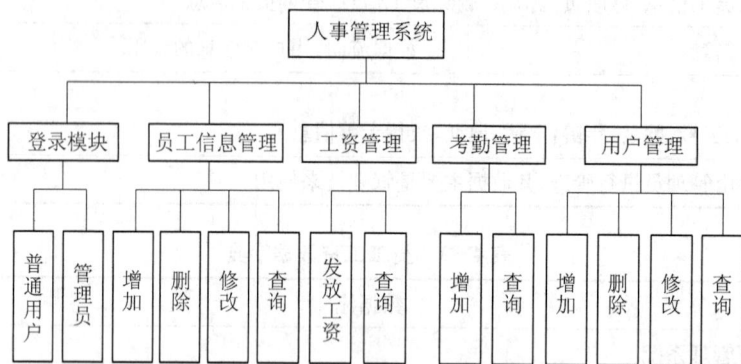

图 4 - 15 系统模块结构图

> 登录模块:主要是实现用户登录的功能,用户只有登录系统,才能在自己的权限范围内进行合法的操作,否则,将不能进行任何操作。
> 员工信息管理模块:主要包括用户信息管理的功能,具体包括查询员工、修改员工、增加员工、删除员工基本资料等基本操作(普通用户只有查询功能)。本模块主要负责管理用户基本信息。
> 工资管理模块:主要是对员工工资进行管理,可以查询员工的工资,以及发放本月工资等功能。
> 考勤管理模块:主要是对员工考勤的记录进行管理,可以实行记录、查询的功能。
> 用户管理模块:只有管理员才可以对登录用户实现增加、删除、修改、查询功能。

详细设计

1. 系统界面设计

系统界面是用户对系统的第一印象,为保证界面的合理性、易操作性、有序性和系统性,确定了以下的界面设计原则:

① 直观性。用户接触软件后应对界面的功能一目了然,不需过多的培训就可以方便使用。根据此原则,本系统的主要界面按照操作流程设置导航菜单,用户可以根据导航菜单进行操作。

② 一致性。本系统在字体、标签风格、颜色、术语、显示错误信息等方面力求保持一致。本系统的界面背景大部分与主界面背景一致,标签字体均采用"宋体"、"五号字"。标签颜色均采用绿色系。

③ 布局方面力求简洁、有序、易操作。操作顺序默认为从上到下,从左到右;界面上的数据输入区和重要的信息提示,应当靠前放在窗口上较醒目的位置。

④ 界面的划分。保证一个界面上的所有操作都是同一个用户完成的,否则,必须分成两个界面。

2. 数据库设计

随着客户对软件要求的提高,数据库的设计也随之越来越重要。所以,设计出一个结构良好,性能良好的数据库能够左右一个软件系统的成败[2]。本系统采用 SQL Server 2005 作为开发工具,并且符合了数据库设计范式的第三范式。表中的属性不依赖于其他表的非主属性,消除了传递依赖。表间关系清晰明确,主键与外键关系也一目了然,浅显易懂。

(1) 数据结构设计

一个良好的数据库设计,不仅可以提高数据信息的存储效率,确保数据信息的完整性和一致性,而且能够影响到整个系统的运行效率[3]。在对员工工资计算过程的内容分析的基础上,针对企业工资信息管理系统的需求,为本系统设计如下的数据项和数据结构:

① 基本工资信息:包括员工编号和基本工资。

② 其他项目信息:包括员工编号、奖金、津贴、福利、扣发等。

③ 出勤统计信息:包括员工编号、姓名、统计日期、出勤天数、迟到早退次数、加班天数等。

④ 工资统计信息:包括员工编号、姓名、统计日期、基本工资、奖金、津贴、福利、加班费、出差费、扣发、总额等。

(2) 数据表设计

如图 4-16 所示,显示了人事管理系统中运用到的所有的数据表:

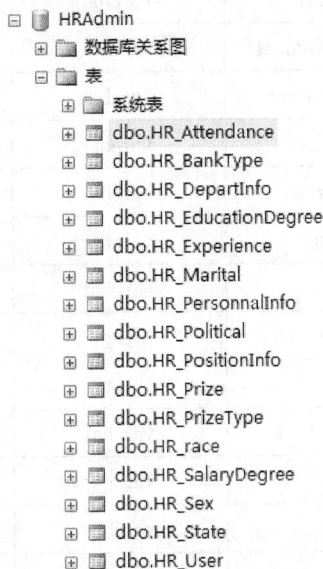

```
□ 🗊 HRAdmin
   ⊞ 🗀 数据库关系图
   □ 🗀 表
      ⊞ 🗀 系统表
      ⊞ 🗊 dbo.HR_Attendance
      ⊞ 🗊 dbo.HR_BankType
      ⊞ 🗊 dbo.HR_DepartInfo
      ⊞ 🗊 dbo.HR_EducationDegree
      ⊞ 🗊 dbo.HR_Experience
      ⊞ 🗊 dbo.HR_Marital
      ⊞ 🗊 dbo.HR_PersonnalInfo
      ⊞ 🗊 dbo.HR_Political
      ⊞ 🗊 dbo.HR_PositionInfo
      ⊞ 🗊 dbo.HR_Prize
      ⊞ 🗊 dbo.HR_PrizeType
      ⊞ 🗊 dbo.HR_race
      ⊞ 🗊 dbo.HR_SalaryDegree
      ⊞ 🗊 dbo.HR_Sex
      ⊞ 🗊 dbo.HR_State
      ⊞ 🗊 dbo.HR_User
```

图 4-16 数据表设计

下面分别介绍实现模块中所需要的三个主要表。三张表之间的关系为:员工信息表(HR_PersonnalInfo)关联于员工出勤表(HR_Attendance)。员工信息表(HR_PersonnalInfo)的主键:员工工号(EmployeeID)作为员工信息表(HR_PersonnalInfo)的外键。

① 员工信息表（HR_PersonnalInfo）。员工信息表包含：员工工号（EmployeeID）、部门名称（DepartID）、员工姓名（PersonName）、性别（Sex）、国籍（Nationality）、出生日期（Birthday）、政治面貌（Political）、文化程度（Education）、现在居住地址（NowAddress）、家庭住址（FamilyAddress）、银行卡号（BankCardNumber）、银行卡类型（BankCardName）、办公室电话（TelOffice）、家庭电话（TelHome）、邮箱（Email）、工资（Salary）、照片（Picture）、年龄（Age）、民族（Race）、婚姻状况（Marital）、手机号（Tel）和公司职位（Position），见表 4 - 5所示。

表 4 - 5　员工信息表

名　称	字段名称	类型	长度	允许空
员工工号	EmployeeID	varchar	50	No
部门名称	DepartID	varchar	20	No
员工姓名	PersonName	nvachar	50	No
性别	Sex	varchar	20	Yes
国籍	Nationality	varchar	50	Yes
出生日期	Birthday	datetime		Yes
政治面貌	Political	varchar	20	Yes
文化程度	Education	varchar	20	Yes
现在居住地址	NowAddress	varchar	100	Yes
家庭住址	FamilyAddress	varchar	50	Yes
银行卡号	BankCardNumber	varchar	50	Yes
银行卡类型	BankCardName	varchar	50	Yes
办公室电话	TelOffice	varchar	50	Yes
家庭电话	TelHome	varchar	50	Yes
邮箱	Email	varchar	50	Yes
工资	Salary	varchar	20	Yes
照片	Picture	image		Yes
年龄	Age	int		Yes
民族	Race	varchar	20	Yes
婚姻状况	Marital	varchar	20	Yes
手机号	Tel	varchar	50	Yes
公司职位	Position	Varchar	20	Yes

② 用户表（HR_User）。用户表包含：用户账号（UserID）、用户密码（UserPassword）和用户类型（UserType），见表 4 - 6 所示。

表 4-6　用户表

名称	字段名称	类型	长度	允许空
用户账号	UserID	varchar	50	No
用户密码	UserPassword	varchar	50	No
用户类型	UserType	varchar	50	No

③ 员工出勤表(HR_Attendance)。员工出勤表包含:员工出勤号(AttendanceID)、员工工号(EmployeeID)、月份(CheckMonth)、年份(CheckYear)、出勤天数(AllDays)、病假天数(IllDays)、缺席天数(AbsentDays)、假日天数(HolidayDays)、迟到时间(LaterMinutes)和加班时间(OvertimeDays),见表 4-7 所示。

表 4-7　员工出勤表

名称	字段名称	类型	长度	允许空
员工出勤号	AttendanceID	int		No
员工工号	EmployeeID	varchar	50	No
月份	CheckMonth	varchar	50	Yes
年份	CheckYear	varchar	50	Yes
出勤天数	AllDays	int		Yes
病假天数	IllDays	int		Yes
缺席天数	AbsentDays	int		Yes
假日天数	HolidayDays	int		Yes
迟到时间	LaterMinutes	int		Yes
加班时间	OvertimeDays	int		Yes

4.5.4　系统实现

在系统实现过程中,力求给用户带来方便快捷的途径去管理一些繁琐的数据。用户可以通过输入工资、考勤、职工履历等基本信息,由系统自行生成相应的统计数据及各类统计报表以供用户查询、打印,另外用户还可以对这些基本信息进行定期的更新和删除。

用户登录界面实现

如图 4-17 所示为系统的用户登录界面。特别之处是在系统被访问之前,为防止非法用户进入系统所带来的一些不必要的损失所进行的安全性检查[4]。登录界面中验证码使用了 4 位由随机数字或随机大写英文字母组成的图片。用户首先进入登录界面输入用户名、密码、验证码并提交,登录程序会检查输入的用户名和密码是否合法、匹配,然后赋给用户权限。若用户非法,则可选择用户重新登录。用户登录成功之后,用户的权限值将被记录在系统中,以便以后每个页面都将验证用户的权限。用户权限是由用户名来确定,用户名由系统管理员事先存储在数据库中。

图 4-17 登录界面

系统主界面实现

图 4-18 显示了系统的主界面。在系统主界面的中心位置可以看到系统的三大功能模块:员工的考勤管理、员工的人事管理、员工的工资管理。设计特点主要表现在以下两个方面:

第一,运行主程序之后,系统用户只需在对应的用户名和密码框中输入匹配的值,然后点击登录按钮经系统身份确认后,即可进入系统主界面。

第二,系统各模块在系统登录到主界面后可以实现模块中数据记录的录入、查询、更新、删除以及统计等操作。

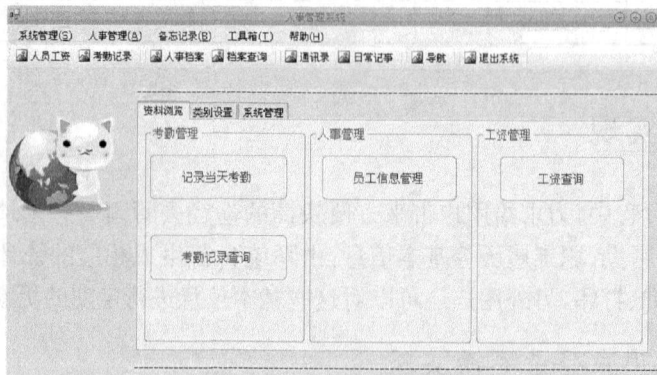

图 4-18 系统主界面

系统主要功能模块的实现

1. 基本信息子模块实现

图 4-19 为员工信息管理界面。该模块主要实现对人员基本信息的录入、浏览、查询、打印、退出等功能。

当选择录入窗口时,界面上显示插入、删除、更新、退出等功能。点击"录入"按钮,系统在数据窗口最后一页追加一页空记录,用户在其中输入相应的值,有些字段是必须输入的,有些不是,输入完后,该记录不是立即更新到数据库中,而是保存到缓冲区,等用户点击更新按钮后更新数据表,否则不更新。直接按退出按钮也不更新数据表,入库完毕后,如果还继续增加记录,则继续点击"插入"。删除按钮功能与此类似这里就不再重述。

浏览窗口主要是浏览人员的基本信息,包含的功能有修改、删除、更新和退出,进入窗口后,不但可以浏览数据,而且还可以进行修改、删除操作。

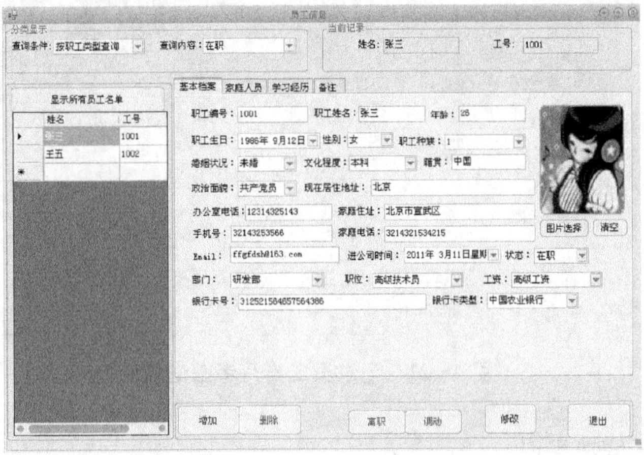

图 4 - 19　员工信息管理界面

2. 考勤管理子模块实现

考勤信息模块主要完成对人员的迟到、早退、出差、事假、病假等情况进行录入、查询、报表打印等功能。其中,查询功能可以根据不同的查询依据进行,比如按日期查询、按姓名查询、按考勤类别查询等[7]。下面分别介绍员工当天考勤和该月考勤记录查询。

(1)员工当天考勤记录查询。如图 4 - 20 所示为员工当天考勤记录的显示界面。在工作日中,该模块记录了员工当天的考勤记录,方便统计成表。从该模块中可以看出员工的工作态度、勤奋程度等因素。并且与该员工该月的工资、奖金等情况挂钩,用户也可以对员工的工号、姓名进行模糊查询,然后确定员工当天考勤记录。

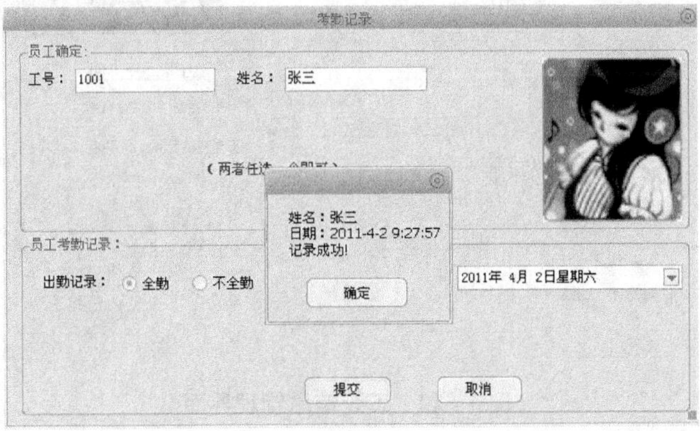

图 4 - 20　记录员工当天考勤记录

（2）员工该月考勤记录查询。如图 4-21 所示为员工当月的考勤记录。用户进入系统后可以对员工的工号、姓名进行模糊查询，然后确定员工的情况，查询出该员工该月的考勤记录。

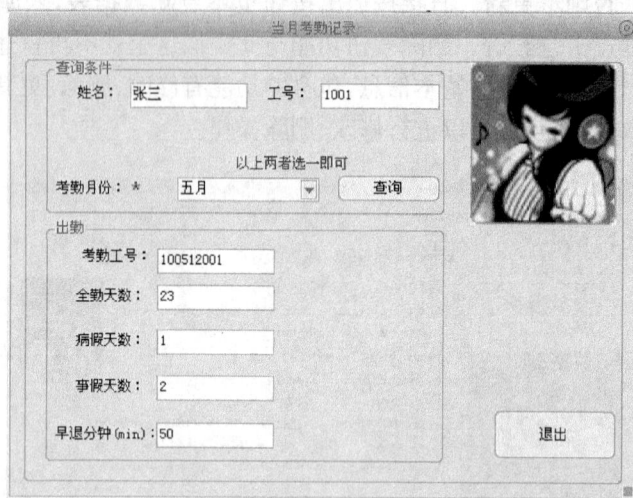

图 4-21　记录员工当月考勤记录

3．工资信息子模块实现

图 4-22 为工资信息管理的界面。工资信息模块主要完成对人员的工资、奖金、罚金等情况进行录入、查询、报表打印等功能。其中查询功能可以根据不同的查询依据进行，比如按姓名查询、按月份查询、按基本工资查询等。

具体功能实现与考勤信息模块类似。

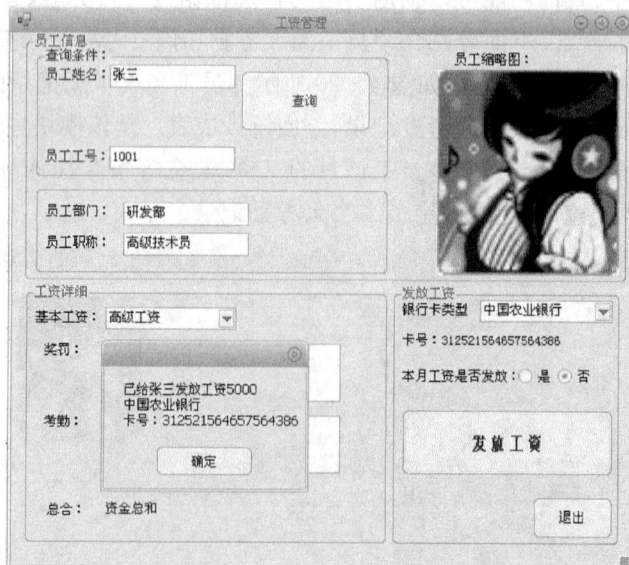

图 4-22　工资信息管理界面

系统管理子模块实现

系统管理子模块主要包括以下功能:密码管理、权限管理、版权信息、帮助信息等。在密码管理中,管理员可以修改、设定用户密码;在权限管理中,管理员为不同用户设定不同的系统权限。在各个模块运行的过程中,均可以实现将运行结果保存为 Word 或 Excel 文档的功能,方便用户的使用。帮助信息主要是软件的使用说明,版权信息中保存了系统的版本及介绍。

4.5.5 系统测试

本系统在项目开发过程中进行了测试工作。在测试过程中,尽可能发现并改正该系统中的错误,以提高它的可靠性,使系统人事管理工作规范化、合理化。

1. 测试内容

该系统主要对人事管理中用户与员工两个方面的模块进行添加、修改、删除以及相应的信息查询。考虑到客观可操作性等方面因素,制定了如下的测试内容:

➤ 软件的正常运行、关闭及退出时保存记录的提示。
➤ 界面友好,可操作性及安全性能较好,能对不同管理权限的用户限制,以保证数据库的安全。
➤ 数据库的可维护性好,数据的录入、删除及更改均能顺利完成,并能实现动态更新。
➤ 数据查询便捷,能对各种不同的查询条件进行搜索,以找到最合适的答案。
➤ 数据溢出、越界均能进行非法提示,以警告用户正确使用。对用户的非正常操作方式也提出警告。
➤ 数据类型填写错误时,系统能够报错。
➤ 软件对操作系统的兼容性良好,可移植性完好。

2. 测试步骤

系统开发过程中进行了各功能模块的单元测试,如测试用户登陆是否成功、测试查询功能是否成功等。

在系统开发结束阶段进行了系统集成测试,确保系统运行流畅,并实现了系统需求规格说明书中定义的全部功能。

最后会同用户进行了系统的确认测试,完成了用户的检查验收。

3. 测试结果分析与解决方案

针对上面设计的测试用例产生的错误,分析错误的原因,大多数异常都是由于数据类型不符合数据库设计的类型而产生。此外,还有一个异常是由于在员工信息模块中,当查询员工信息的时候,由于图片不能从数据库读出,去查询数据库的时候,便产生了异常。经过仔细检查后,发现是由于 SQL 语句的错误引起的。改正 SQL 语句后,异常很快就被排除了。

4.5.6　结语

本系统按照标准的软件开发流程,采用结构化软件开发方法,进行了周密的系统分析和详细的设计。最终实现了如下系统功能:

> 设计出了友好统一的用户界面,极大地方便了用户的操作使用和系统推广;
> 满足了人事管理工作中各种查询、汇总和统计的需要,数据易导出、打印;
> 职工信息在数据库中的历史变动,系统都能够保存并可查询;
> 数据库安全设计方面,为确保数据的安全,除了采用统一的身份验证权限管理外,加入了日志管理功能,详细记录用户的操作,另外,系统还实现了数据库的备份与恢复等功能。

本系统包含了人事管理系统中常用的功能,能够满足用户的基本需求。但是,为了适应企业日后发展的需要,同时提高系统的运行效率,增强企业的信息安全性,还可以从以下几个方面对本系统进行改进和扩展。

1. 扩充模块

功能设置上,除了常用的人事管理功能外,还将添加劳资管理、人员招聘等模块。

2. 决策分析功能

统计分析上,充分利用数据挖掘技术对基础数据进行科学的分析、判断,充分管理好人事信息,为领导决策提供重要的科学化依据。

4.5.7　谢辞(略)

4.5.8　参考文献

[1] 刘甫迎,刘光会. C#程序设计教程[M].北京:电子工业出版社,2008.

[2] 张跃廷,许文武,王小科. 数据库系统开发完全手册[M].北京:人民邮电出版社,2006.

[3] 钟雁. 管理信息系统开发案例分析[M].北京:清华大学出版社,2006.

[4] 薛华成. 管理信息系统[M].北京:清华大学出版社,1999.

[5] 李盛,王建新. 基于.Net三层架构B/S模式的企业经营管理者考评系统设计与实现[J].南华大学学报(自然科学版),2007,21(3):89-92.

4.6 管理信息系统开发实例——酒店餐饮管理系统

4.6.1 前言

随着社会经济的飞速发展,传统的餐饮方式已经跟不上时代的脚步。酒店业如雨后春笋般蓬勃发展起来。在竞争如此激烈的今天,酒店如何提高服务质量和管理能力显得越来越重要。所以,将计算机管理引入酒店餐饮业的管理体系当中,无疑对酒店业的服务水平更上一层楼提供了一种有力的支持。计算机管理可令酒店业的运作更加可靠、快捷和高效,节省管理人员宝贵的时间。因此,在酒店业竞争越来越激烈的情况下,必须以管理求生存,向管理要市场。当然,任何一种计算机管理体系的建立都是对一种管理模式的体现。本系统主要是实现酒店餐桌状态控制、预订餐桌、点餐、结账管理、菜单管理、报表查询等功能,体现了全方位管理模式。它提供给客户以快捷、准确和可靠的服务,同时,也提高了酒店自身的管理水平。为使酒店管理水平达到一个新的台阶,我们提出此酒店餐饮管理系统方案。

全球信息化已是社会的必然趋势。同时,它推动了社会的发展,历史的变革。要想在社会各行业的竞争中立于不败之地,就必须使自己的企业顺应历史的潮流,否则便会不战而败。餐饮服务业也是如此,餐饮行业要满足市场所需,就必须提高自己的竞争能力,要想提高竞争能力则必须改变餐饮的管理模式,提高管理水平,运用信息化建设是实现这一目的的必由之路。

4.6.2 系统分析

可行性分析

随着社会经济的发展,人们对生活质量的要求越来越高,作为服务业之一的酒店业也在不断地完善服务体制,需要集餐饮、住宿、娱乐于一体的、立体化服务体系,顾客可以随意消费并统一结账。酒店管理者想及时了解酒店的全部运营情况及经营走势,核算运转成本,作为经营决策的依据,只有运用先进的科学管理手段,利用计算机系统管理才能实现这一管理模式。

根据信息管理系统可行性分析的四个基本方面可得如下结论:

1. 经济上的可行性

从长远角度来看,此系统的投入会给酒店带来管理严格化、信息统计完整化、数据处理智能化、经济预算科学化、业务处理高效化等优点。综合多方面考虑,对酒店的顾客满意程度和酒店的经济效益会有显著的提高。

2. 技术上的可行性

经过对现有大中型酒店的实际考察发现,绝大多数大中型酒店都已具备计算机软硬件和网络环境,员工已具备计算机基本操作能力,已满足开发和使用酒店餐饮管理系统的技术条件。

3. 管理上的可行性

经过与酒店主管领导的接触,可以知道几乎所有领导都能意识到酒店管理信息系统使用的必要性,可以了解到他们对信息系统已经有很高的认可度。因此,管理可行性完全满足。

4. 社会可行性

无论是顾客、酒店主管领导还是酒店员工对信息系统使用的方便快捷都表示很大的赞同。同时,系统的开发和使用对促进整个社会的信息化程度发展有巨大推动作用。

需求分析

酒店餐饮管理系统是为了实现酒店餐饮的自动化管理而设计的,它完全取代了人工处理的工作方式,并且避免了由于管理员的疏忽以及管理质量问题所导致的各种错误。为及时、准确、高效地完成酒店餐饮管理工作提供了强有力的工具。

1. 功能需求

本系统主要是管理员对酒店的订餐信息和员工信息进行管理,其次是员工执行添加、修改和删除订餐信息操作。本系统需要有订餐预约、订餐登记、统计等功能,能将酒店订餐的信息从数据库中添加修改删除并且利用查询将酒店订餐信息显示出来。数据要求有自动更新功能,能显示最新的结果。

2. 性能需求

因为系统要代替人工管理酒店订餐信息,所以要求系统响应速度快,稳定性强,操作简单,准确性高。另外,数据库要求对部分员工保密,所以系统的安全性要高。

3. 软件质量要求

对软件运营者而言,要保证有效性,最好易于扩展,有较好的可移植性。对客户而言,要做到操作简单,界面友好,帮助文档充分。

4. 灵活性

当用户需求,如操作方式、运行环境、结果精度、数据结构与其他软件发生变化时,设计的软件要随时做适当的调整。因此,灵活性非常大。

5. 系统用例图

本系统包括预约管理模块、点餐管理模块、结账管理模块、餐桌管理模块等。部分用例图如下:

① 预约管理模块包括:预订管理、预订维护、查询、报表。预约管理模块的用例图如图4－23所示。

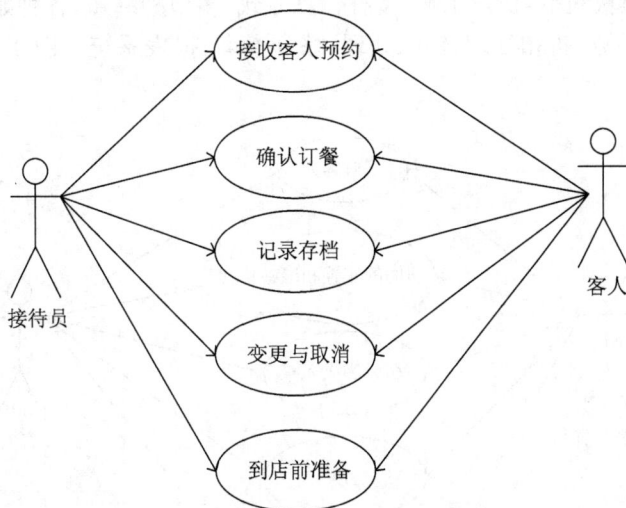

图 4－23 预约管理模块的用例图

预约的用例规约见表4－8所示。

表 4－8 预约的用例规约

名称:预约	
说明:查询餐桌信息,填写订餐信息并提交	
参与者:管理员、客户	
频率:非常频繁	
前置条件:该餐桌状态良好并且闲置	
后置条件:预约成功,餐桌状态设置预约	
基本操作流程:预约成功	
步骤:	1. 管理员成功登录进入系统后,查询餐桌信息,填写订餐信息并提交; 2. 预约成功,餐桌状态改变。
可选流程:	没有空桌
步骤:	1. 查看餐桌的状态,没有显示空闲; 2. 无法进行预约,拒绝预约。
可选流程:	已经预订或占用
步骤:	该餐桌预订或占用,无法进行预约,预约失败。

② 点餐管理模块包括:散客、团体开台,图形化选餐桌,客人资料维护,折扣处理,客历

（熟客、VIP、黑名单）管理，加单、转台和换位的处理，综合查询，报表系统。

点餐管理模块的用例图如图4-24所示。

③ 结账管理模块包括：快速结账、多种付款方式、多币种结账、各种账面灵活转账、部分或全部结账、提前结账、折扣处理、错账处理、综合查询、报表系统。图4-25是结账管理模块的用例图。

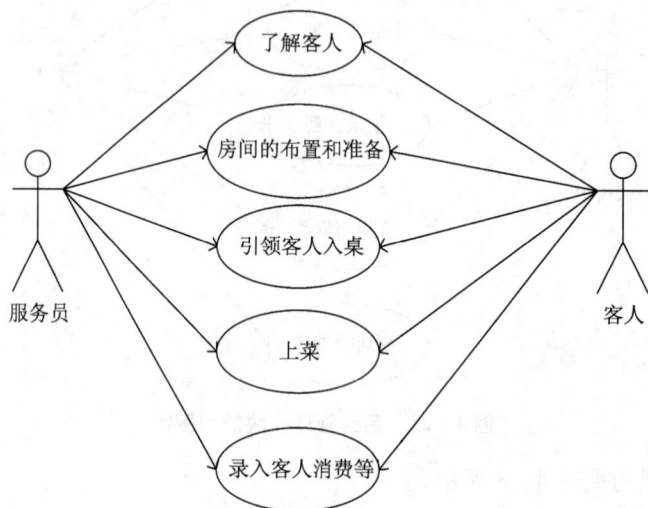

图4-24 点餐管理模块的用例图

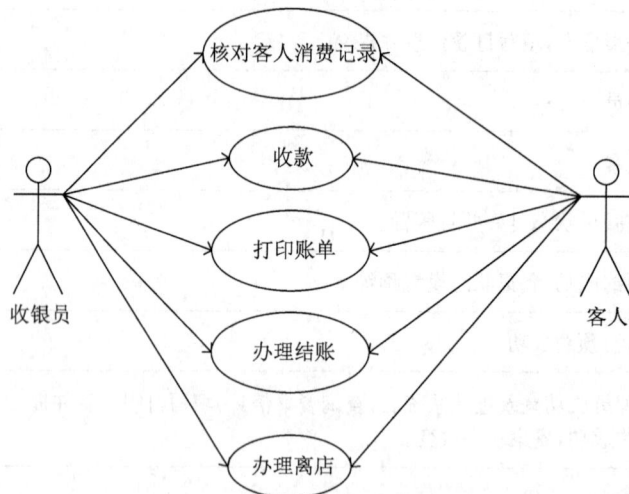

图4-25 结账管理模块的用例图

数据流图是整个系统所要处理事件的过程。图4-26为客人从预约餐桌—点餐—就餐—结账—查询的过程。

酒店餐饮系统的整体活动图如图4-27所示。

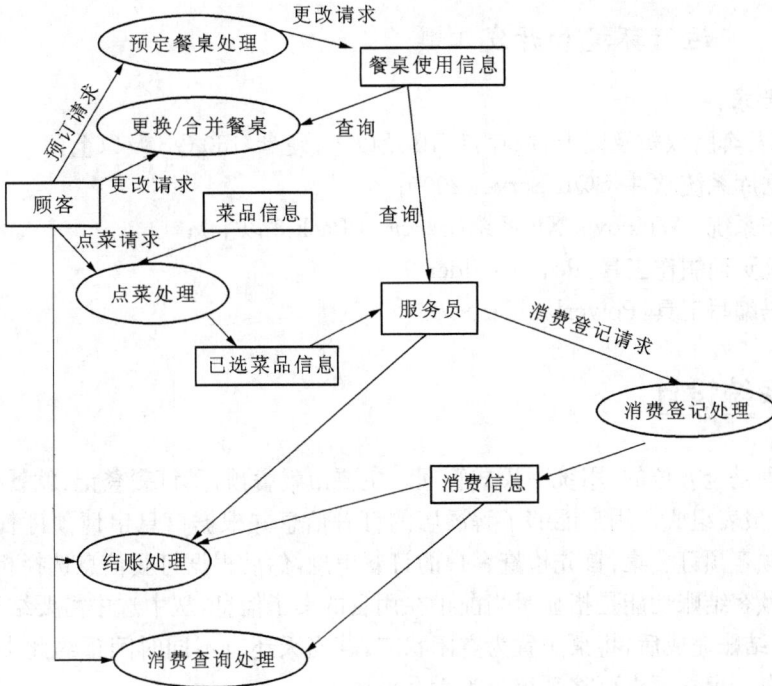

图 4 - 26 系统数据流图

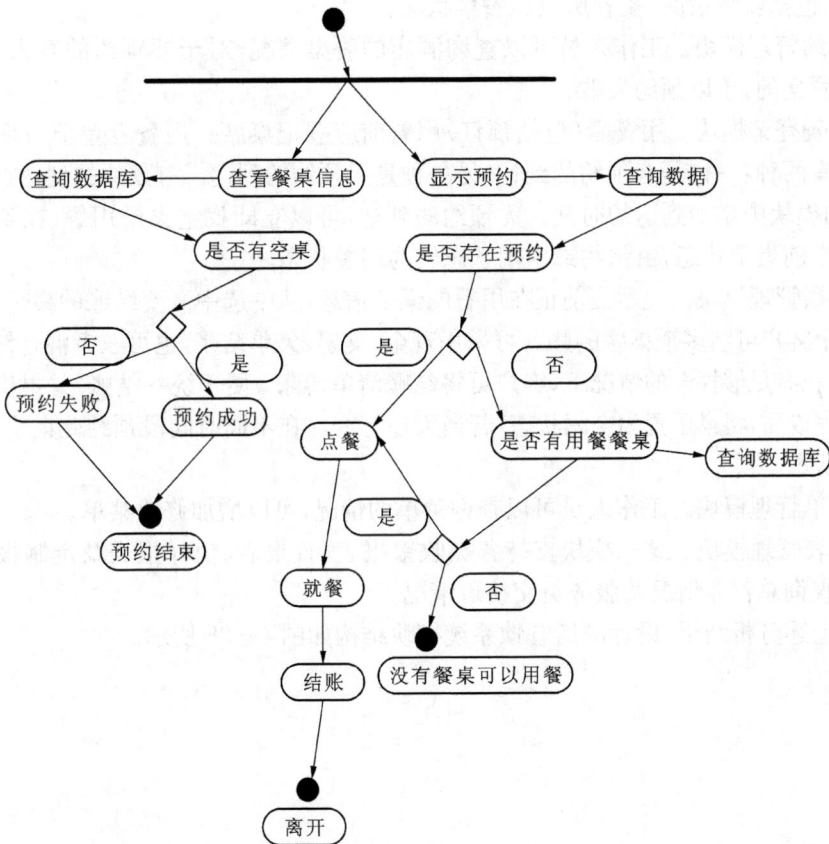

图 4 - 27 整体活动图

运行环境和开发工具

软硬件要求：

(1) CPU：奔腾双核及以上；内存：1 GB 及以上；硬盘：160 GB 及以上；

(2) 数据库系统软件：SQL Server 2000；

(3) 操作系统：Windows XP 系统（Services Pack 3 以上）；

(4) 系统页面制作工具：Powerbuilder 9.0；

(5) 代码编写工具：Powerbuilder 9.0。

4.6.3 系统设计

餐饮管理是全方位的，用统一模式管理。主要由就餐预订、订餐登记、就餐结账、欠账处理、收银员日报表组成。用户能够了解酒店的订餐信息并根据信息申请预订餐桌。工作人员能够处理顾客预订餐桌：首先检查客户的订餐信息，然后根据订餐信息选择相应级别的餐桌或包间。顾客结账功能是指显示当前正在用餐的桌子信息，从中选中需要结账的桌子，进行结账操作，结账完成后，将桌子置为空闲状态，若当天还有不同时间预约此桌子的则置该桌为预约状态。根据要求可将系统分为六个模块。

➤ 餐桌管理模块。工作人员可以对酒店的餐桌进行管理。工作人员可以查询酒店的餐桌情况，包括就餐情况、就餐历史和餐桌状况。

➤ 预约管理模块。工作人员可以查询酒店的餐桌情况，对于要预约的客人给予登记，没有空闲餐桌的，予以预约失败。

➤ 点餐登记模块。用餐者（包括预订）用餐前应登记桌席。用餐者登记一桌或者多桌到达情况有两种：一种是有预约的到达，另一种是无预约的到达。有预约的到达首先查询预约，在预约模块中添加到达的时间。无预约的到达，可以立即找空桌子用餐，在到达操作中还要刷新当前桌子状态，由预约或空闲状态转为用餐状态。

➤ 结账管理模块。显示当前正在用餐的桌子信息，从中选中需要结账的桌子，进行结账操作。一个客户可结多个桌席的账。可采用现金、支票、欠单结账，也可三者混合结账。提供转账功能，在有足够押金的情况下，客户可将结账清单转账，便于统一结账，并提供回单的功能。结账完成后，将桌子置为空闲状态，若当天还有客户在不同时间段预约此桌子的，则置该桌为预约状态。

➤ 菜单管理模块。工作人员可以查询菜单的情况，可以增加修改菜单。

➤ 报表管理模块。这一模块支持各类收银报表、日报表、统计报表及定制报表。管理人员可以查询总营业情况及服务员交接班情况。

根据上述分析结果，设计酒店餐饮系统模块结构如图 4-28 所示。

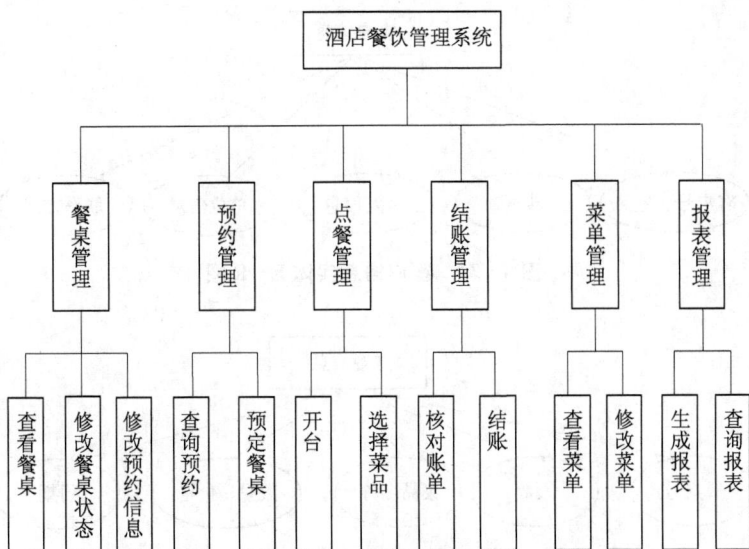

图4-28 酒店餐饮系统模块结构图

概念结构设计

根据上面的设计,规划出的实体有菜谱、职工、客户、订餐、结算等。各个实体具体的E-R图及其之间关系描述如图4-29~图4-33所示。

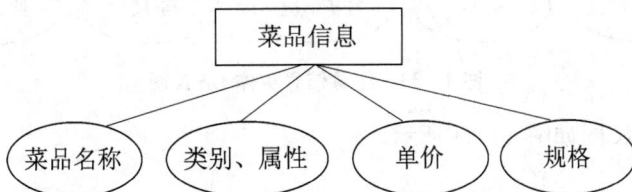

图4-29 菜谱实体E-R图

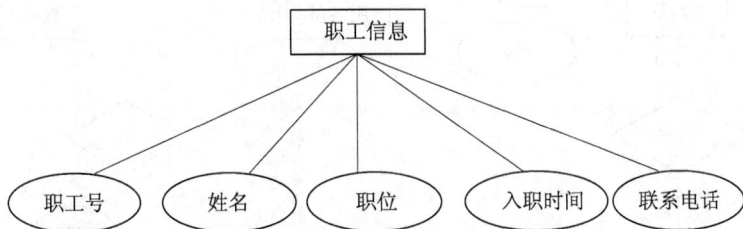

图4-30 职工实体E-R图

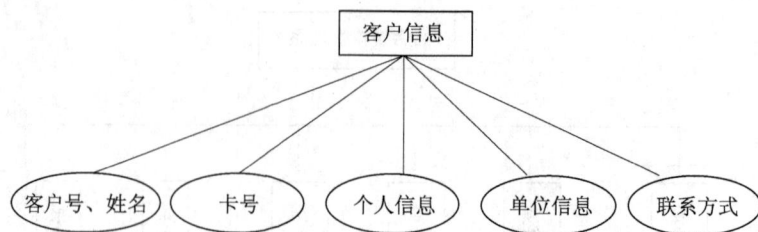

图 4-31 客户信息实体 E-R 图

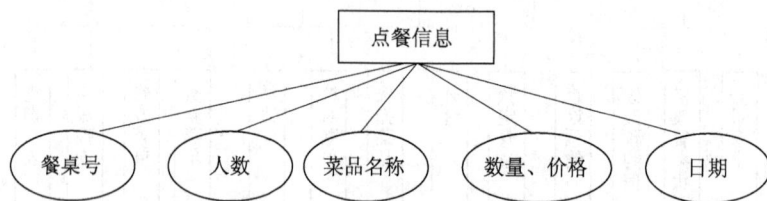

图 4-32 订餐信息实体 E-R 图

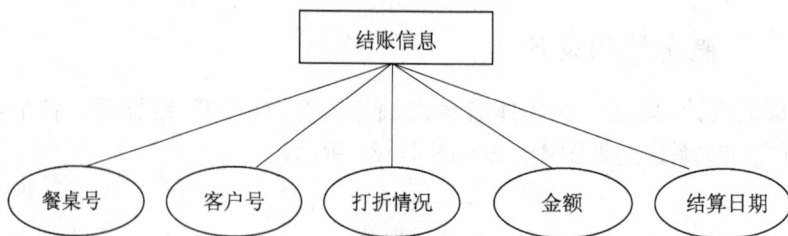

图 4-33 结算信息实体 E-R 图

整个系统 E-R 图如图 4-34 所示。

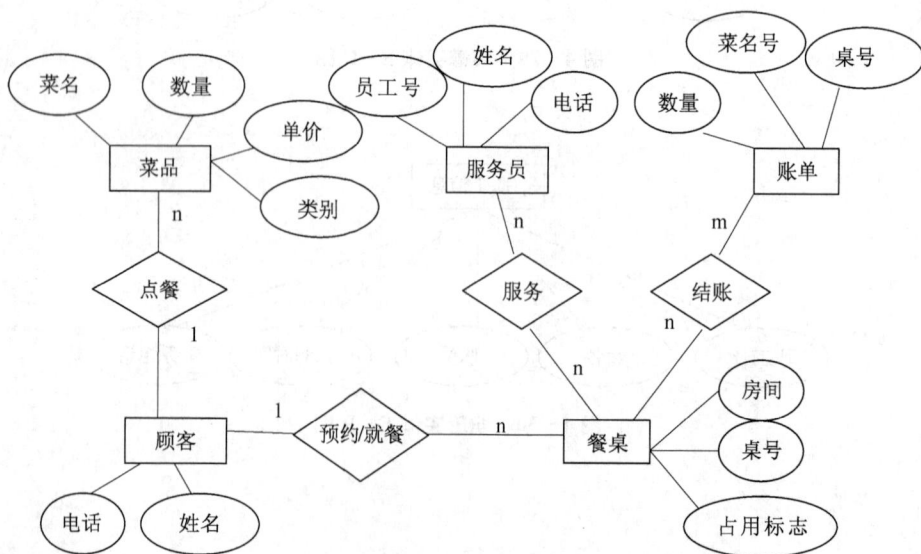

图 4-34 系统 E-R 图

系统逻辑结构设计

数据只有用数据库来管理才能有自动化管理的可能。数据的结构将影响整个管理机制的应用。针对酒店业务管理系统情况,系统采用了 SQL Server 数据库,首先建立数据库 HotelDB. mdf。

在以上分析的基础上,形成数据库中的数据表以及各数据表之间的关系。酒店管理系统数据库中结账管理模块的结账表见表 4-9 所示。

表 4-9 就餐结账表(t_BalanceRecord)

列 名	数据类型	长度	可否为空	默认值	中文描述
RepastId	char	6	No	(None)	就餐编码(主键)
BalanceType	int		No	(None)	结算类型
ActualSum	money		No	(None)	总金额
CodeNumber	varchar	40	Yes	(None)	代码数量
ClientId	char	6	Yes	(None)	重点客户
HotelId	char	6	Yes	(None)	酒店编码
qiandan_back_date	datetime		No	(None)	回单日期
QIANDAN_MARK	varchar	20	Yes	(None)	签单标记
QIANDAN_BACK_TYPE	char	6	Yes	(None)	回单类型
deptid	decimal	10	Yes	(None)	部门编码
qiandan_back_date	datetime		Yes	(None)	回单日期
QIANDAN_MARK	int		Yes	(None)	签单标记
QIANDAN_BACK_TYPE	int		Yes	(None)	回单类型
deptid	char	6	Yes	(None)	部门编码

菜单管理模块的菜品表见表 4-10 所示。

表 4-10 菜品表(t_FareBill)

列 名	数据类型	长度	可否为空	默认值	中文描述
FareID	char	6	No	(None)	菜品编码(主键)
FareName	varchar	20	No	(None)	菜品名称
FareSpec	varchar	10	Yes	(None)	规格
VegeDept	int		Yes	(None)	菜系
FareType	char	2	No	(None)	菜品类型
Price	money		No	(None)	当前价格
Manufacturer	varchar	30	Yes	(None)	供货商
returnnumber	decimal	10	Yes	(None)	回单数
deptid	char	6	Yes	(None)	部门编码

菜单明细表见表 4 - 11 所示。

表 4 - 11　菜单明细表（t_Menu_List）

列　名	数据类型	长度	可否为空	默认值	中文描述
MenuID	char	6	No	(None)	菜单编码（主键）
FareID	char	6	No	(None)	食品编码
Account	decimal	10	No	(None)	数量
Fee	money		Yes	(None)	金额
repastid	char	10	Yes	(None)	就餐编号
faretype	char	2	Yes	(None)	食品类型
farename	char	16	Yes	(None)	食品名称
farespec	char	2	Yes	(None)	规格
tableid	char	6	Yes	(None)	餐桌编号
operator	char	6	Yes	(None)	收银员
price	money		Yes	(None)	当前价格
deptid	char	6	Yes	(None)	部门编码
scale	decimal	5	Yes	(None)	打折比例

预约管理模块的订餐预订表见表 4 - 12 所示。

表 4 - 12　订餐预订表（t_Repast_Prearrange）

列　名	数据类型	长度	可否为空	默认值	中文描述
PrearrangeID	char	6	No	(None)	订餐编码（主键）
ClientID	char	6	Yes	(None)	重点客户
LinkMan	varchar	20	Yes	(None)	联系人
PrearUnit	varchar	60	Yes	(None)	订餐单位
PrearTime	datetime		No	(None)	订餐时间
RepastTime	datetime		No	(None)	就餐时间
RepastNumber	int		Yes	(None)	就餐人数
TableNumber	int		Yes	(None)	桌数
GuestType	int		No	(None)	客人类型
ForeGift	money		Yes	(None)	押金
Comment	varchar	60	Yes	(None)	客户要求
LinkPhone	varchar	20	Yes	(None)	联系电话
Operator	char	6	No	(None)	收银员
StopDate	datetime		Yes	(None)	截止日期
PrearangeStatus	int		No	(None)	备注

就餐管理模块的就餐登记表见表4-13所示。

表 4-13 就餐登记表(t_Repast_Record)

列 名	数据类型	长度	可否为空	默认值	中文描述
RepastID	char	6	No	(None)	就餐编码(主键)
ClientID	char	6	Yes	(None)	重点客户
RepastMan	varchar	20	Yes	(None)	就餐客户
RepastUnit	varchar	60	Yes	(None)	就餐单位
GuestType	int		No	(0)	客户类型
RepastTime	datetime		No	CURRENT_TIMESTAMP	就餐时间
RepastType	int		No	(None)	就餐类型
RepastNumber	int		Yes	(1)	就餐人数
PrearrangeID	char	6	Yes	(None)	订餐编码
BalanceType	int		Yes	(0)	结算类型
BalanceTime	datetime		Yes	(None)	结算时间
CardNumber	varchar	40	Yes	(None)	卡 号
CreditDate	datetime		Yes	(None)	信用期
AllSum	money		Yes	(0)	总金额
ActualSum	money		Yes	(None)	应 收
HouseID	char	4	Yes	(None)	客房编码
HotelID	char	6	Yes	(None)	酒店编码
Comment	varchar	60	Yes	(None)	客户要求
Operator	char	6	No	(None)	收银员
tablefee	decimal	10	Yes	(None)	餐桌费
returndatetime	datetime		Yes	(None)	回单日期
G_GUEST_ID	char	8	Yes	(None)	客房客人编码
deptid	char	6	Yes	(None)	部门编码
G_VIREMENT_ACCOUNT	decimal	10	Yes	(None)	客房转账金额
scale	decimal	2	Yes	(None)	打折比例

就餐管理模块的退菜处理表见表 4-14 所示。

表 4-14　退菜处理表（R_Return_Record）

列　　名	数据类型	长度	可否为空	默认值	中文描述
MenuID	char	6	No	(None)	菜单编码（主键）
FareID	char	6	No	(None)	食品编码
ReturnAccount	int		No	(None)	退菜数量
ReturnReason	varchar	60	No	(None)	退菜原因

餐桌管理模块的餐桌表见表 4-15 所示。

表 4-15　餐桌表（t_Table）

列　　名	数据类型	长度	Nullabe	默认值	中文描述
TableID	char	3	No	(None)	餐桌编号（主键）
TableType	int		Yes	(None)	餐桌类型
AdmitNumber	int		No	(None)	容纳人数
TableStatus	int		No	(0)	餐桌情况
CancelSign	int		No	(0)	取消标记
Tablefee	decimal	2	Yes	(None)	餐桌费
TABLE_DIST	int		Yes	(1)	餐桌检查
deptid	char	10	Yes	(None)	部门编码

餐桌管理模块的餐桌预订表见表 4-16 所示。

表 4-16　餐桌预订表（t_TABLE_PREARRANGE_RECORD）

列　　名	数据类型	长度	可否为空	默认值	中文描述
TableID	char	10	No	(None)	餐桌编号（主键）
PrearrangeID	char	10	No	(None)	订餐编号

餐桌管理模块的餐桌情况表见表 4-17 所示。

表 4-17　餐桌情况表（t_RC_Table_Status）

列　　名	数据类型	长度	可否为空	默认值	中文描述
ID	int		No	(None)	编码（主键）
Name	varchar	10	No	(None)	名称

系统类图

根据分析，系统管理员可以查看顾客的个人信息，并修改会员的权限，还可以设置餐桌的状态信息。

顾客可以浏览餐桌信息和申请点餐,点餐成功形成账单,顾客可使用现金、银行卡等多种形式进行结账。概括出系统类图如图 4 - 35 所示。

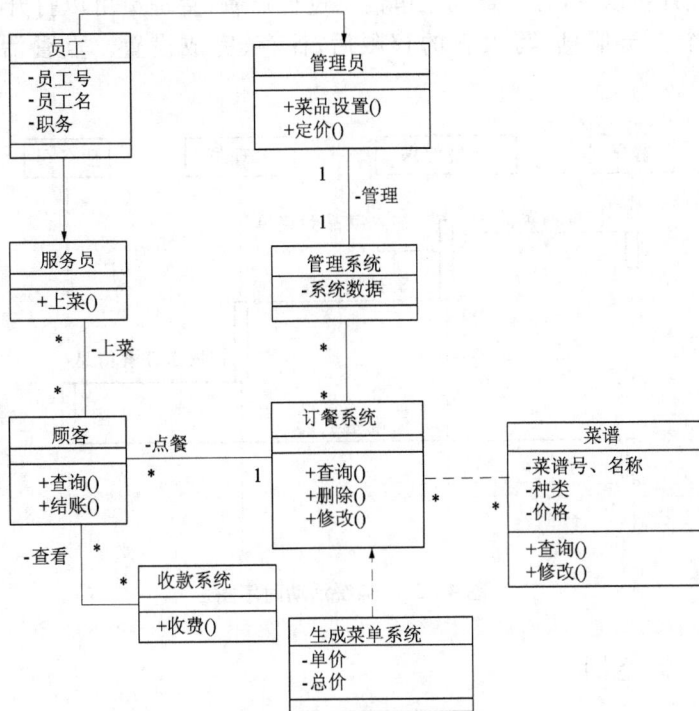

图 4 - 35　酒店餐饮管理类图

系统时序图

1. 餐桌信息设置时序图

管理员可以查看、设置餐桌的状态信息。餐桌信息设置时序图如图 4 - 36 所示。

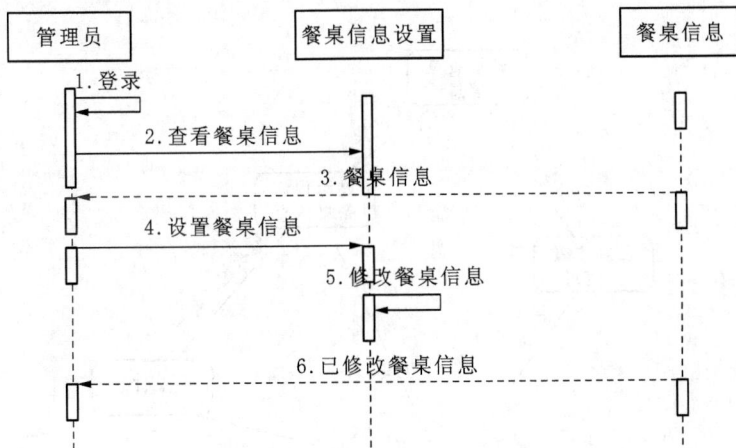

图 4 - 36　餐桌信息设置时序图

2. 点菜时序图

在客户已经开台以后,客户查询菜单信息进行点餐,管理员可以打开权限窗口,查询所有会员或某个会员信息,写入新的权限后,保存、完成设置。点餐活动时序图如图 4 - 37 所示。

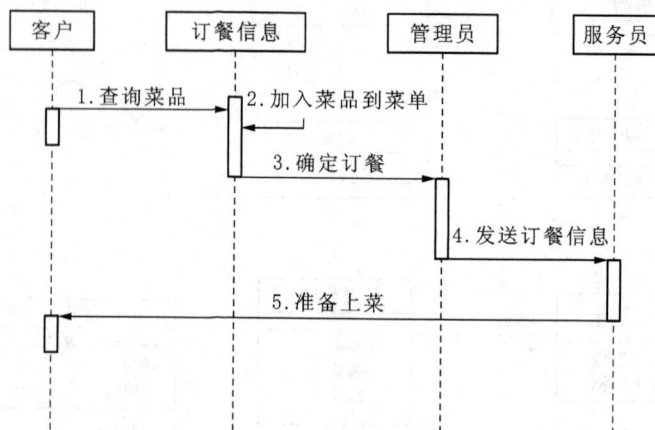

图 4 - 37　点餐活动时序图

状态图

1. 餐桌信息状态图

管理员和会员都可以查询餐桌状态信息,会员可以预订、退订,管理员根据实际情况修改餐桌信息。餐桌信息状态图如图 4 - 38 所示。

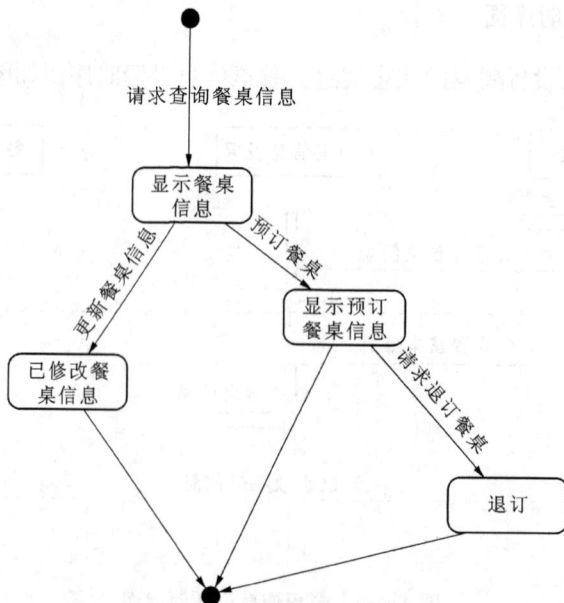

图 4 - 38　餐桌信息状态图

2. 点餐状态图

点餐状态图显示,系统记录餐桌信息及付款信息,工作人员可以修改订单,请求通过后可以生成订单。点餐状态图如图 4 - 39 所示。

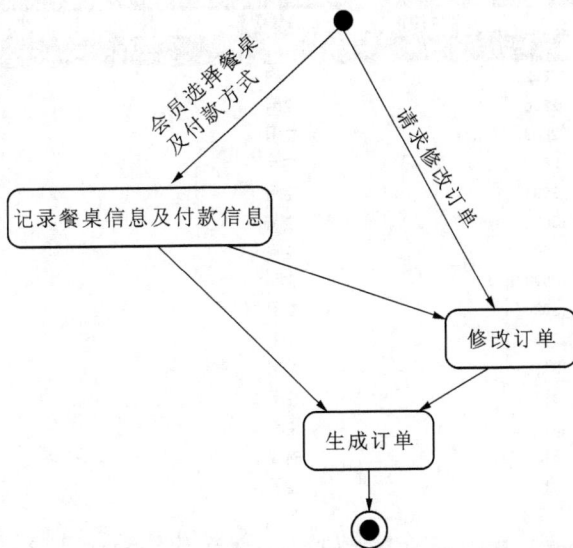

图 4 - 39　点餐状态图

4.6.4　系统实现

按照系统设计,本酒店餐饮管理信息系统分为:餐桌管理模块、预订管理模块、点餐管理模块、结账管理模块、菜单管理模块、报表管理模块。以下是几个主要功能模块的实现。

餐桌管理模块

1. 业务描述

餐桌管理模块主要用于管理餐桌的状态以及数量的控制。餐桌的状态主要为三种,分别为空闲、有客、预订,通过本模块的录入,可以掌握餐桌信息,使酒店服务员及时安排餐桌。协助酒店进行有序管理。

2. 模块功能

插入:增加新的餐桌,输入基本信息,将新增的餐桌设置为空闲状态;

删除:取消餐桌的设置,对于已占用的餐桌不能删除;

过滤:对餐桌进行条件设置,对满足条件的餐桌进行查询过滤;

保存:保存对窗口的修改。

3. 运行效果

如图 4 - 40 所示。

图 4 - 40　餐桌界面

4. 数据窗口执行相关操作的部分代码

```
Long ll_row
If trigger event ue_update() = 1 then
ll_row = dw_1. insertrow(0)
dw_1. scrolltorow(ll_row)
dw_1. setfocus()
trigger event ue_endinsert(ll_row)
End if
If dw_1. of_check() <> 1 then
    return 0
End if
If dw_1. update(true,false) = 1 then
    commit using sqlca ;
    dw_1. resetupdate()
    return 1
Else
    rollback using sqlca ;
    return 0
End if
```

预约管理模块

1. 预约登记业务描述

主要用于客人订餐信息的录入。通过本模块的录入,可以掌握预订信息,使酒店服务员及时安排预订餐桌,协助酒店进行有序管理。若预约成功,餐桌的状态由空闲变成预约。并且可以查看预约的情况。

2. 模块功能

录入:选择进行开台的餐桌号;
删除:取消已经选择的餐桌;
确定:保存当前的操作,餐桌的状态设置为有客;
取消:对当前的操作不保存,餐桌的状态仍为空闲。

3. 运行界面

预约管理模块的运行界面如图 4 - 41 所示。

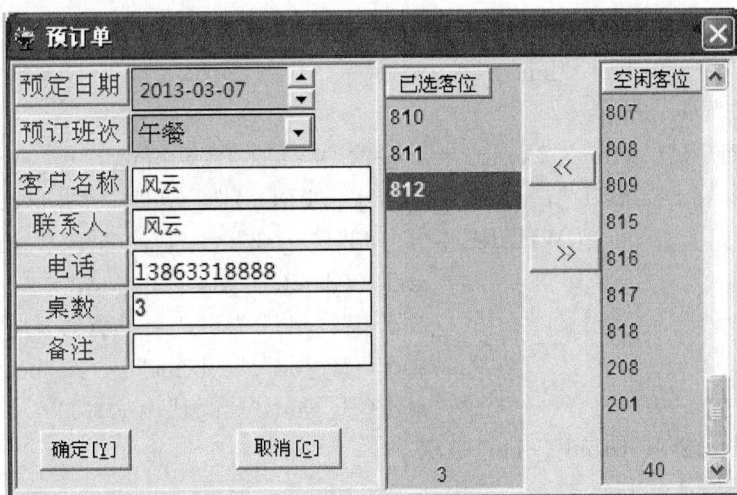

图 4 - 41　预约界面

4. 部分代码

```
IF "t_Table". "TableStatus"＝0
DECLARE lc_kxkw1 CURSOR FOR
SELECT "t_wtbm". "bm"
FROM "t_wtbm"
WHERE ("t_wtbm". "zt" ＜＞ 1) and ("t_wtbm". "kwlb" ＝ '餐饮') and ("t_wtbm".
```

```
                    "bm" not in
                    ( SELECT "t_ydds". "c_kwzj"   FROM "t_ydd", "t_ydds"
                            WHERE ( "t_ydd". "c_lsh" = "t_ydds". "c_lsh" )
                                    and ( ( date("t_ydd". "d_ddrq") = :ld_ddrq )
                                    and ( "t_ydd". "c_bcmc" = :ls_bcmc )
                                    and ( "t_ydd". "sylx" = '餐饮' )
                                    and ( "t_ydds". "i_zt" = 0))))
        ORDER BY "t_wtbm". "bm"   ASC ;
        open lc_kxkw1 ;
        fetch lc_kxkw1 into :ls_kwzj ;
        do while sqlca. sqlcode = 0
            ll_row = dw_3. insertrow(0)
            dw_3. object. c_kwzj[ll_row] = ls_kwzj
            fetch lc_kxkw1 into :ls_kwzj ;
        loop
        close lc_kxkw1 ;
    ELSE
        DECLARE lc_kxkw2 CURSOR FOR
        SELECT "t_wtbm". "bm"
        FROM "t_wtbm"
        WHERE  ("t_wtbm". "kwlb" = '餐饮') and ( "t_wtbm". "bm" not in
                ( SELECT "t_ydds". "c_kwzj"   FROM "t_ydd",  t_ydds"
                            WHERE ( "t_ydd". "c_lsh" = "t_ydds". "c_lsh" )
                                    and ( (date("t_ydd". "d_ddrq") = :ld_ddrq )
                                    and ( "t_ydd". "sylx" = '餐饮' )
                                    and ( "t_ydd". "c_bcmc" = :ls_bcmc )
                                    and ( "t_ydds". "i_zt" = 0))))
        ORDER BY "t_wtbm". "bm" ASC   ;
        Open lc_kxkw2 ;
        Fetch lc_kxkw2 into :ls_kwzj ;
        Do while sqlca. sqlcode = 0
            ll_row = dw_3. insertrow(0)
            dw_3. object. c_kwzj[ll_row] = ls_kwzj
            fetch lc_kxkw2 into :ls_kwzj ;
        Loop
        Close lc_kxkw2 ;
    End if
```

点餐管理模块

1. 点餐登记业务描述

点餐登记模块用于客人前来就餐时，对客人及餐桌的信息进行录入。对于已经预约的客人进行直接开台，对于没有预约的客人，若有空闲餐桌则进行直接开台。

2. 模块功能

对预订就餐客人进行开台订餐；
修改客人订餐信息；
删除客人不需要的订餐信息。

3. 运行界面

选择预约的餐桌，点击开台，弹出对话框，询问预订的餐桌是否开台。运行界面如图4-42所示。

若选择【是】，预约的基本信息直接获取，弹出开单窗口；若选择【否】，直接返回主界面，餐桌的状态不变。确定开单界面如图4-43所示。

图4-42 预约客人是否开台界面　　图4-43 预约客人的开单界面

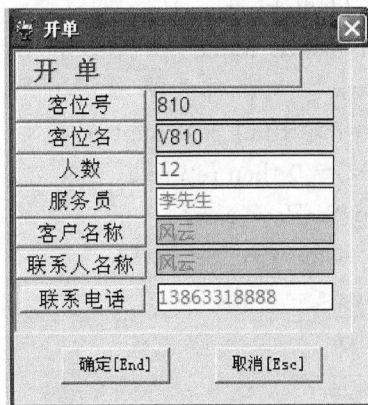

也可以对没有预约的直接进行开台，选择空闲的餐桌，输入相应的内容。

选择确定即可弹出点餐选择窗口，该界面主要完成对菜品和饮料的选择以及数量的输入，双击要选择的菜品，形成菜单。点餐界面如图4-44所示。

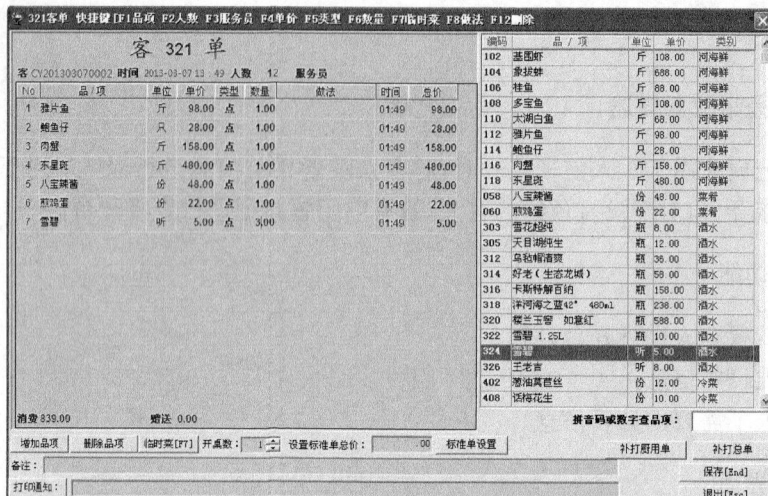

图 4-44　客人点餐界面

4. 部分代码

```
String ls_lb,ls_mc,ls_dw
Dec{2} ld_dj,ld_cb
Long ll_row,ll_found
int li_row
li_row＝dw_xftail. rowcount()
if row ＜＝ 0 then return 1
dw_gyp. SetRow(row)
ll_row ＝ dw_gyp. getrow()
if ll_row ＜＝ 0 then
    return 1
end if
if ll_found ＞ 0 then
    if messagebox("提示",ls_mc ＋ "～r～r 已经点过单,还要增加吗?",question!,yesno!,1) ＝ 2 then
        return 1
    end if
end if
if ld_dj ＝ 0 then //  时价菜
    openwithparm(w_sjrr,"菜名:" ＋ ls_mc ＋ " 单位:" ＋ ls_dw)
    ld_dj ＝ message. DoubleParm
    if ld_dj ＝ 0 then return
end if
dw_xftail. setitem(ll_row,"dyd",dw_xfmain. getitemstring(1,"wtbm"))
dw_xftail. setitem(ll_row,"wtbm",dw_xfmain. getitemstring(1,"wtbm"))
```

```
dw_xftail. setcolumn("sl")
dw_xftail. setfocus()
Return 1
```

结账管理模块

1. 就餐结账业务描述

显示当前正在用餐的桌子信息,从中选中需要结账的桌子,进行结账操作。客人在店里当次消费结束,在离店前必须进行付款结账。在本模块中,系统将会自动统计此客人的消费总额和付款总额,并计算出应收余额,操作员可随时打印出客人消费的各种单据。在结账时,也可根据客人要求按规定进行相应折扣。通过计算机操作简单易行。结账完成后,将桌子置为空闲状态。若当天还有客人在不同时间段预约此桌子的,则置该桌为预约状态。

2. 模块功能

结账:根据客人的点餐记录字段算出所要结算的金额;
挂账:当时不结算,直接记账,从客户的账户里面直接扣除;
打印客人消费明细。

3. 运行界面

就餐结账界面如图4-45所示。

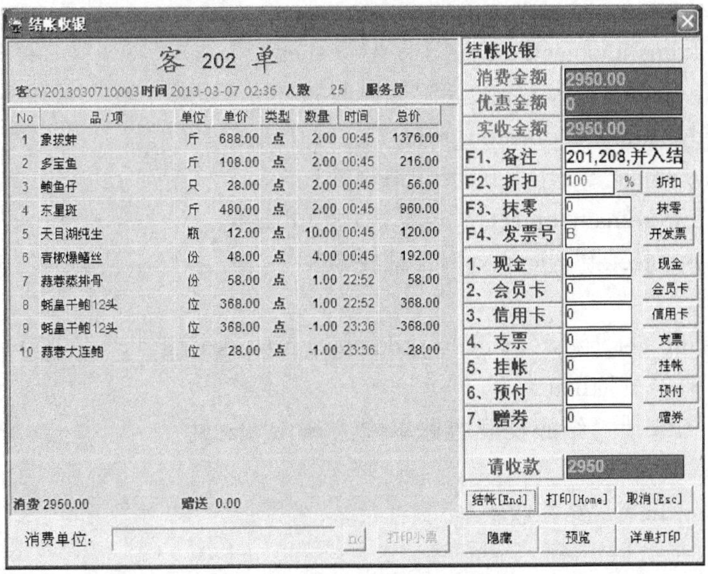

图 4 - 45　就餐结账界面

4. 部分代码

```
Dw_kdmain. accepttext()
```

```
dec{2} ld_xfje,ld_kzje,ld_zk,ld_yhje,ld_mlje,ld_ssje,ld_cetz
long ll_i
string ls_gzdw
ld_xfje = gf_get_xfje(is_lsh)
ld_kzje = gf_get_kzje(is_lsh)
ld_zk = dw_kdmain. getitemnumber(1,"zk")
ld_mlje = dw_kdmain. getitemnumber(1,"mlje")
ld_yhje = ld_kzje * (100 - ld_zk) / 100
ld_ssje = round(ld_xfje - ld_yhje - ld_mlje,0)
dw_kdmain. setitem(1,"rq",gf_now())
dw_kdmain. setitem(1,"xfje",ld_xfje)
dw_kdmain. setitem(1,"yhje",ld_yhje)
dw_kdmain. setitem(1,"mlje",ld_mlje)
dw_kdmain. setitem(1,"ssje",ld_ssje)
dw_kdmain. setitem(1,"syy",gs_usermc)
dw_kdmain. accepttext()
for ll_i = 1 to dw_kddetail. rowcount()
if gf_get_sfdz(dw_kddetail. getitemstring(ll_i,"lb")) = 1 then
      dw_kddetail. setitem(ll_i,"zk",ld_zk)
end if
next
if dec(dw_kdmain. object. c_syje[1]) = 0 then
    dw_jzsy. object. t_syje. text = "款已收齐"
elseif dec(dw_kdmain. object. c_syje[1]) > 0 then
    dw_jzsy. object. t_syje. text = "请收款"
elseif dec(dw_kdmain. object. c_syje[1]) < 0 then
    dw_jzsy. object. t_syje. text = "请找零"
end if
ls_gzdw = gf_get_gzdw(trim(dw_kdmain. getitemstring(1,"khmc")))
if ls_gzdw <> "" then
      this. title = "结账收银 挂账单位:" + ls_gzdw
else
      this. title = "结账收银"
End if
```

4.6.5 系统测试

系统实现后,对酒店餐饮管理系统的各模块功能分别进行了测试。主要进行了功能测试和界面测试。

系统功能测试

测试技术主要采用了黑盒测试中的场景法,及其在程序接口进行的测试。

功能测试用例如下:

订餐:顾客提前向酒店预订餐位,只有进行预约餐桌才可以进行点餐。

1. 确定基本流和备选流

基本流:订餐成功:输入客户的信息→确定预订的房间及餐桌号→选择菜品→填写数量→登记成功;

备选流1:房间及餐桌号不存在;

备选流2:菜系及菜名不存在;

备选流3:数量不足。

2. 确定场景

场景1:订餐成功:基本流;

场景2:房间及餐桌号不存在:基本流,备选流1;

场景3:菜系及菜名不存在:基本流,备选流;

场景4:数量不足:基本流,备选流。

3. 确定测试用例

测试用例ID	场景/条件	房间及餐桌号不存在	菜系及菜名不存在	数量不足	预期结果
1	场景1:订餐成功	V	V	V	成功订餐
2	场景2:房间及餐桌号不存在	I	n/a	n/a	提示不存在
3	场景3:菜系及菜名不存在	V	I	n/a	提示
4	场景4:数量不足	V	V	I	提示

4. 测试数据

测试用例ID	场景/条件	房间及餐桌号不存在	菜系及菜名不存在	数量不足	预期结果
1	场景1:订餐成功	101-001	烧烤-铁板鱿鱼	10	成功订餐,库存减少10
2	场景2:房间及餐桌号不存在	100-100	n/a	n/a	提示房间不存在返回基本步骤2
3	场景3:菜系及菜名不存在	101-001	果汁类-樱桃	n/a	提示不存在,返回基本步骤3
4	场景4:数量不足	101-001	烧烤-铁板鱿鱼	1000	提示,库存不足,返回基本步骤4

界面测试

1. 餐桌查询

查询餐桌,选择房间以及餐桌号,如果有空餐桌可以进行预约,否则提示餐桌已预订,不能进行预约。对已经预约的餐桌不能进行再次预约或开台,在预订窗口的空闲客位不会显示已预约或开台的餐桌编码,如图 4 - 46 所示。

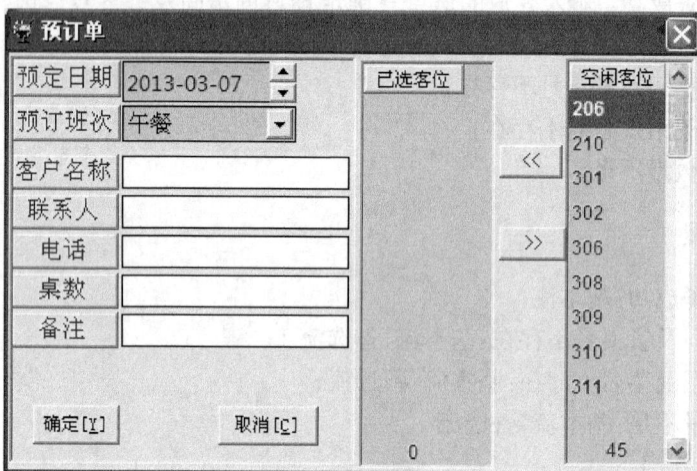

图 4 - 46 餐桌选择界面

2. 结账查询

结账管理模块如果不输入实收金额,则无法进行结账,会弹出提示对话框如图 4 - 47 所示。

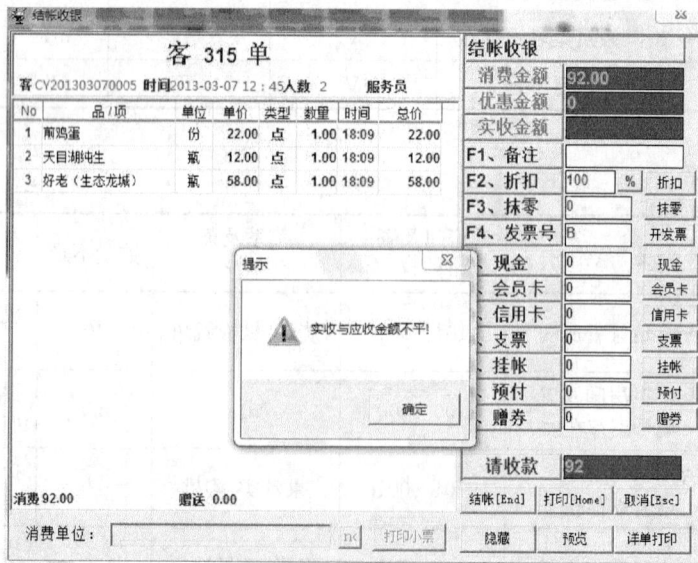

图 4 - 47 结账界面

测试总结

通过对此系统的功能、性能的测试,分析总结得出此系统的功能基本满足用户需求,性能基本达到要求,界面具有可操作性和友好性。

但是测试用例有一定的局限性,测试环境和实际运行环境也存在着一定的差异,所以不能完全地、准确地测试出系统存在的问题,还需要在后期的维护过程中,对系统暴露出来的问题进行纠正和更新。

4.6.6 谢辞(略)

4.6.7 参考文献(略)

第 5 章

网站设计
（网络技术专业）

5.1　网站设计一般原则

随着网络技术的不断发展，网络应用已经渗透到社会各行各业。各类网站层出不穷，动态网页技术随之成为了热点。作为高职计算机专业方面的人才，在毕业前要具备较强的规划站点、开发动态网页的能力。

无论是大型商用网站、小型电子商务网站、门户网站、科研网站、个人主页、交流平台、公司和企业介绍性网站以及服务性网站，在设计与开发的过程中，都必须遵循以下几点原则：

1. 用户需求要明确

企业网站是展现企业形象、介绍产品和服务、体现企业发展的重要途径，因此必须明确网站设计的目标和用户需求，从而做出设计计划。要综合考虑消费者的需求、市场的状况和企业自身的情况等，以"消费者"为中心进行设计规划。在建站初期，还要考虑建设网站的目的、用户群、产品和服务的质量。如果能了解网站的用户群的基本情况，如受教育程度、收入水平、需要信息的范围及深度等，就可以做到有的放矢。

2. 网站结构要清晰

网站要以结构清晰、导向清楚及便于使用为原则进行设计。网站的内容要一目了然，以方便浏览者了解企业和服务。可以使用一些醒目的标题或文字来突出产品，也可以在导航设计中使用超链接。网站的主题要明确。

3. 要保证访问速度

网站要保证快速的访问速度。如果速度跟不上，访问量就会自动减少。因此，设计过程中要尽量避免使用大文件。设计网站时设计者和客户之间要进行协商，主要页面的容量要控制在 50 KB 以内，平均 30 KB 左右，以确保普通用户访问的等待时间不超过 10 秒。

此外，网页形式与内容的统一、多媒体技术的合理应用、网站信息的交互能力和网站信息的及时更新也是要考虑的内容。

5.2 网站设计基本流程

网站开发的过程,要经历以下几个阶段:

1. 需求分析和网站总体设计

建设网站之前设计者应该清楚建立站点的目标,也就是网站将提供什么样的服务,网页中要提供哪些内容等,这就是需求分析。要确定站点目标,应该从3个方面来考虑:网站的整体定位是什么、网站的主要内容是什么、网站浏览者群的受教育程度。对于不同的浏览人群,网站的内容和采用的技术手段也是不同的,比如学生网站,网站的特效技术要求更高,对于商务浏览者,就要考虑网站的安全性和易用性。

其次,要合理规划站点结构,才能在站点设计中提高效率,节省工作时间。此外,还要确定网站风格,主要涉及站点的色彩、网页结构、文字的字体和大小及网页背景等。

2. 数据库设计

在动态网站开发过程中,很多情况下要用到数据库。数据库设计的过程中先要选择合适的数据库工具,接下来进行数据库的设计,然后是数据表的设计。数据库和数据表在命名的时候要注意能表达特定的含义,以便于后期的连接和维护。

3. 主页开发

首页设计应遵循快速、简洁、吸引人、信息概括能力强、易于导航的原则。首页是全站内容的目录和索引。首页内容包含站名,主菜单,最新信息,电子邮件,联络信息,版权信息和其他功能。版面设计的过程为先勾勒理想草图,用搭积木的方法拼搭,再用网页制作软件实现,避免出现"封面"的效果,需要快速、有价值的信息。

4. 功能模块设计

页面设计制作完成后,如果需要实现动态的效果,就需要开发动态功能模块,网站中经常用到的功能模块有搜索、留言板、新闻系统、在线购物、技术统计、论坛及聊天室等。

5. 网站发布与测试

在完成网站的制作后,要将网站发布到因特网上供用户浏览。但是先要对所创建的站点进行测试,逐一检查站点中的文件,可以在本地计算机中调试网页以防止在网页中包含错误,及时发现问题并解决问题。

企业网站设计不同于传统的静态网页,里面包含动态的具有交互性的功能模块的实现,所使用的技术也更为繁杂,一般可以采用小组合作的形式,在企业也常常不是由一个技术人员单独完成的,因此可以对小组成员进行分工,分别负责网站前台、后台和界面美工等的设计工作,每位学生只要负责完成自己那块的分工即可,最后,小组成员还要进行数据库调试和网站整合。

5.3 网站设计常用技术

目前,实现动态网站的开发主要有 ASP、PHP、JSP 以及 ASP. NET 这四种开发技术,下面对这几种技术的性能做简要介绍。

1. ASP 技术

ASP 即 Active Server Pages(活动服务器页面),它是微软开发的一种类似于 HTML(超文本标识语言)、Script(脚本)和 CGI 的结合体,它没有提供专门的编程语言,而是允许用户使用许多已有的脚本语言来编写 ASP 的应用程序。ASP 在 Web 服务器端运行,运行以后再将运行结果以 HTML 的格式传送至客户端浏览器。因此,ASP 与一般的脚本语言相比要安全得多。通过使用 ASP 的内置对象和内置组件技术,用户可以直接使用 ActiveX 控件,调用对象、方法和属性,以简单的方式实现强大的交互功能。

2. PHP 技术

PHP 是一种跨平台的脚本语言,可以运行在 UNIX、Linux 或 Windows 操作系统下。PHP 将脚本语言嵌入到 HTML 文档中,大量采用了 C、Java 和 Perl 语言的语法,并加入自己的特征,使 Web 开发者可以快速地写出动态页面。它在服务器端执行,对客户端浏览器没有特殊要求,存取数据库比较方便,并且支持目前大多数数据库。PHP 基本上可以完成目前网络上的大部分功能,包括表单上传、存取数据库和图形图像处理等。

3. JSP 技术

JSP 技术的目的是为了整合已经存在的 Java 编程环境,从而产生一种全新的网络程序语言。JSP 是开放的和跨平台的结构,可以运行在几乎所有的服务器系统上。在 JSP 下,当第一次请求 JSP 文件时,该文件被编译成 Java Servlet 并由 Java 虚拟机来执行,以后访问时不需要再编译,因此编译后运行可以大大提高执行效率。

JSP 在服务器端运行,对客户端的浏览器要求很低。作为 Java 家族的一部分,JSP 页面的内置脚本语言是基于 Java 语言的,因而 JSP 页面具有 Java 技术的优越性,是开放的、安全的和健壮的。

4. ASP. NET 技术

ASP. NET 技术是微软开发的新的体系结构. NET 的一部分,其中全新的技术架构会让编程变得更为简单。ASP. NET 是一种建立在通用语言上的程序架构,可以通过一台 Web 服务器来建立强大的 Web 应用程序。

ASP. NET 通过 ADO. NET 技术来进行对数据库的相关操作。ADO. NET 集合了所有允许数据处理的类,这些类代表具有典型数据库功能(如索引、排序和视图)的数据容器对象。ASP. NET 把基于通用语言的程序放在服务器上运行,当程序在服务器端首次运行时进行编译,执行速度快。ASP. NET 是基于通用语言的程序,可运行在 Web 应用软件开发者的几乎所有平台上。通用语言的基本库,消息机制,数据接口的处理都能无缝地整合到 ASP. NET 的 Web 应用中。ASP. NET 支持的语言有 C♯、VB. NET 等。

总的来说,ASP 安装使用方便,易用、简单、人性化;PHP 软件免费、运行成本低;JSP 支持多平台,转换方便;ASP. NET 性能优越,运行效率高。因此,可以根据实际情况选择合适的技术进行动态网站设计和开发。

5.4　企业网站设计实例——基于 ASP 的物业公司网站设计

5.4.1　前言

物业管理行业经过二十多年的发展,变化巨大,成就了一批优秀的物业管理企业,数量由 80 年代最初的几家发展成现在的 3 万多家企业,这些企业在行业的发展中起到了龙头老大的作用。但是随着业务的不断发展与壮大,企业信息发布与管理手段相对落后,使得企业的工作效率不高,市场竞争力不强。

随着信息时代的到来,先进的管理思想融入国内企业,为了更好地加快企业发展速度,增强企业竞争优势,越来越多的中小企业意识到信息化建设的重要性。信息已成为企业的财富,企业需要快速地从市场中获取信息、分析决策、发布信息,这有助于企业及时发现市场机会、分析企业自身的生产、运营状况,在激烈的市场竞争中取得优势。

目前,企业信息化进入实质性发展阶段,其信息化建设正在逐步从单机或局域网应用阶段向更高层次的系统应用与整合方向发展。而企业信息化建设和企业门户网站的建设与管理,可以有效地帮助企业快速地发现、定位自己所需要的信息,为企业带来经济效益和社会效益。

传统的静态网页信息更新的工作量较大,效率低下,而采用 ASP 技术设计的动态网页既能提高企业信息化的程度,又能实现方便快捷的管理,同时,网站安全性也有很高的保证,所有的信息均可通过后台实现管理,可以提升企业的工作效率和品牌知名度,因此是一种很好的解决方案。

本设计开发了一个基于 ASP 的物业管理公司网站,整个网站各个页面之间风格统一,网站栏目设置合理,便于查找。栏目设置如图 5-1 所示,主要包括首页、关于我们、新闻动态、荣誉证书、产品展示、成功案例、在线留言、人才招聘、联系我们、友情链接等,匿名浏览用户也能直观地获取相应的信息。

本设计开发的泰州爱家物业 CMS(内容管理系统)网站是企业对外对内各项网上业务的门户和服务站点。网站具备动态、实时、交互和协作等特点,网站前台是呈现给网络用户的外部网站系统,后台通过网站的内容管理系统实现企业网站的管理。

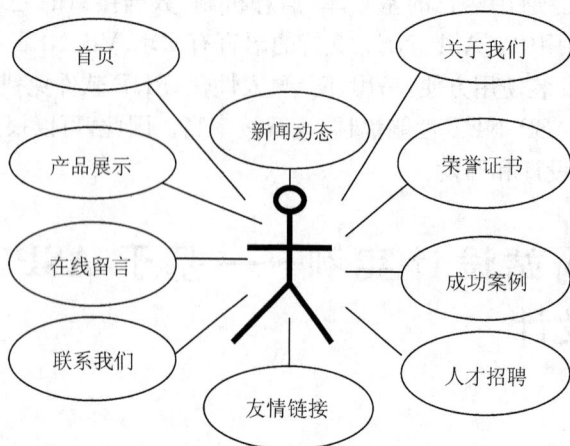

图 5-1 网站栏目设置

5.4.2 网站功能模块设计

1. 网站结构

如图 5-2 所示,泰州爱家物业 CMS 网站由前台展示和后台管理两部分组成。

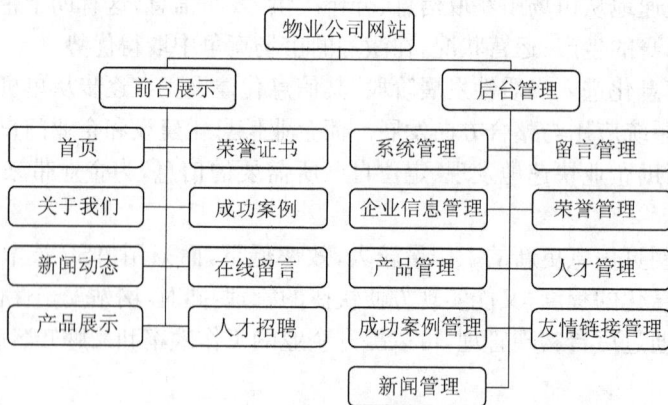

图 5-2 网站结构图

2. 前台展示

前台展示包括了八个功能模块,具体功能如下:

(1)"首页"模块。首页是全站内容的目录和索引,能够导航至前台展示的各个模块,充分展现出良好的视觉效果和用户体验,方便用户的使用查找。

(2)"关于我们"模块。以简洁大方的页面形态说明泰州爱家物业的基本概况及其企业文化,并向用户展示企业的联系方式。

(3)"新闻动态"模块。以动态的新闻列表将泰州爱家物业最新的信息实时地提供给用户,从而提高信息的发布效率和准确率。

(4)"产品展示"模块。以图文并茂的形式向用户展现泰州爱家物业的所有产品,帮助用户更好地掌握公司产品的详细内容。

(5)"荣誉证书"模块。通过直观的图片相册等形式展现泰州爱家物业所获得的荣誉情况,给用户以视觉的冲击,提升公司的品牌,让用户对公司有着足够的认同和信心。

(6)"成功案例"模块。与"荣誉证书"模块类同,通过直观的图片相册等形式展现泰州爱家物业所运营的项目,让用户充分了解公司所成功运营的项目状况,以便用户做出准确的判断。

(7)"在线留言"模块。实现留言板功能,用户能够直接在网站上留言,将信息反馈给公司,实现公司和用户之间的良好互动。

(8)"人才招聘"模块。可以及时发布人才需求信息,吸引优秀人才加入泰州爱家物业,提升公司的整体竞争力。

3. 后台管理

后台管理共包括了九个模块,具体功能如下:

(1)"系统管理"模块 包括了管理员管理、网站配置、数据库管理等子模块,实现了匿名用户和管理员用户的分级管理,并实现了对前台展示——"首页"信息(如公司的 Logo、名称等)的管理,同时实现了对数据库的备份以保证数据库安全。

(2)"企业信息管理"模块 包括新增企业信息及管理企业信息等子模块,实现了企业信息的子分类的添加及管理,与前台展示——"关于我们"信息所展示的分类相对应。

(3)"产品管理"模块 包括了产品类别管理及产品管理等子模块,实现了产品类别的添加与管理及对具体产品的添加与管理,与前台展示——"产品展示"信息相对应。

(4)"成功案例管理"模块 实现了对图片相册的添加与管理,与前台展示——"成功案例"信息相对应。

(5)"新闻管理"模块 包括了新闻类别的管理及新闻管理等子模块,实现了新闻类别的添加与管理及对具体新闻的添加与管理,与前台展示——"新闻动态"信息相对应。

(6)"留言管理"模块 实现了对用户留言的管理,与前台展示——"在线留言"信息相对应。

(7)"荣誉管理"模块 实现了对图片相册的添加与管理,与前台展示——"荣誉证书"信息相对应。

(8)"人才管理"模块 包括招聘信息的发布与管理及对应聘人员信息的管理等子模块,与前台展示——"人才招聘"信息相对应。

(9)"友情链接管理"模块 与前台展示——"首页"信息相对应,对相关的链接进行设置管理。

5.4.3 开发工具的选择

网站的设计采用 ASP 开发环境,以 Access 2003 为数据库,采用 DIV+CSS 完成页面的布局设计。

1. ASP 技术

ASP 是 Active Server Page 的缩写,意为"动态服务器页面",是一个 Web 服务器端的开发环境,利用它可以产生和执行动态的、互动的、高性能的 Web 服务应用程序。ASP 采用脚本语言 VBScript(Javascript)作为自己的开发语言,是微软公司开发的代替 CGI 脚本程序的一种应用,它可以与数据库和其他程序进行交互,是一种简单、方便的编程工具。ASP 的网页文件的格式是.asp,现在常用于各种动态网站中。ASP 通过后缀名为.asp 的 ASP 文件来实现,一个.asp 文件相当于一个可执行文件,因此必须放在 Web 服务器上有可执行权限的目录下。ASP 是一种服务器端脚本编写环境,可以用来创建和运行动态网页或 Web 应用程序。ASP 网页可以包含 HTML 标记、普通文本、脚本命令以及 COM 组件等。利用 ASP 可以向网页中添加交互式内容(如在线表单),也可以创建使用 HTML 网页作为用户界面的 Web 应用程序。

ASP 的优点:

(1) ASP 全称 Active Server Pages,为了克服 CGI 严重的扩展性问题,微软开发了 ASP 技术,解决了多用户访问进程,有效地利用了网络资源。ASP 技术简化了 WEB 程序开发,支持动态 WEB 设计。ASP 只用于服务器端,执行动态的、交互式的、高效率的站点服务器应用系统。

(2) ASP 以标记语言的形式嵌入到 HTML 中并发送到客户端,但是,显示在客户端浏览器的只是 ASP 执行结果所生成的页面,而其本身根本看不到,所以安全性高。

(3) ASP 也支持脚本语言,只要服务器端安装了脚本引擎就可以运行。

考虑到本次设计主要实现的是小型的企业网站,要求网站的通用性强,并易于后期维护,而数据量要求并不大,因此选择 ASP 作为主要的网页开发工具,对于高职的学生来说可以降低编程的难度,容易实现。

2. Access 2003 数据库技术

Access 部署简单方便,仅一个文件,运用起来比较灵活,主要是桌面数据库系统,此外,也可以开发基于自己的桌面数据库应用(UI),也可以作为前端开发工具与其他数据库搭配开发应用程序(如 SQL Server,DB2,Oracle 等)。能使用数据表示图或自定义窗体收集信息,数据表示图提供了一种类似于 Excel 的电子表格,可以使数据库一目了然。另外,Access 允许创建自定义报表用于打印或输出数据库中的信息,Access 也提供了数据存储库,可以使用桌面数据库文件把数据库文件置于网络文件服务器,与其他网络用户共享数据库。如上所述,Access 作为关系数据库开发工具具备了许多优点,可以在一个数据包中同时拥有桌面数据库的便利和关系数据库的强大功能。

缺点是安全性不够,使用的用户级密码容易被破解;对服务器、网络和编程的方法的要求比较高;对于大型网站不能够胜任。

由于本次开发主要是小型企业网站的设计,所涉及的数据量不大,要求网站易于后期维护,而 Access 使用简单,对于高职的学生来说比较容易上手,在实验课中已经熟练掌握,因而选用 Access 2003 作为主要的数据库工具。

3. DIV+CSS 技术

DIV+CSS 技术是网站标准(或称"Web 标准")中常用术语之一。DIV+CSS 是一种网页的布局方法,这一种网页布局方法有别于传统的 HTML 网页设计语言中的表格(table)定位方式,可实现网页页面内容与表现相分离。XHTML 是 The Extensible Hyper Text Markup Language(可扩展超文本标识语言)的缩写。XHTML 基于可扩展标记语言(XML),是一种在 HTML 基础上优化和改进的新语言,目的是基于 XML 应用与强大的数据转换能力,适应未来网络应用更多的需求。在 XHTML 网站设计标准中,不再使用表格定位技术,而是采用 DIV+CSS 的方式实现各种定位。

对于企业网站的设计来说,页面的美观可以为企业网站带来更多的访问量,为企业赢得更多效益,考虑到 DIV+CSS 在网页布局中的优势,因而选用这一技术来进行页面布局。

5.4.4 数据库设计

根据泰州爱家物业 CMS 网站系统的要求,本系统需要管理爱家物业网站的相关数据表,系统内的主要表有:"关于我们"表 aboutus、"荣誉资质"表 comphonor、"管理员用户"表 admin、"人才策略"表 market、"大类产品目录"表 bigclass、"留言板"表 feedback、"友情链接"表 friendlinks、"招聘和求职"表 hrdemand 和 hrdemandaccept、"小类产品"目录表 smallclass、"产品"表 product、"新闻"表 news 等。

根据该网站的要求,数据表的结构如下:

表 5-1 为"关于我们"表 aboutus,主要存放企业的一些基本情况。

表 5-1 aboutus

字段名	数据类型	长度	空	默认值	备注
Title	文本	6	No	none	
Content	文本	8	No	none	
Aboutusorder	文本	2	No	None	
Language	文本	12	No	None	

表 5-2 为"荣誉资质"表 comphonor,主要内容是关于企业荣誉展示情况。

表 5-2 comphonor

字段名	数据类型	长度	空	默认值	备注
ID	自动编号	6	No	none	
Explain	文本	30	No	none	
EnExplain	文本	12	Yes	None	
CompHonor	文本	6	Yes	None	
Adddate	日期/时间	3	Yes	None	

表 5 - 3 为"管理员用户"表 admin,记录管理员的登录网站的密码。

表 5 - 3 admin

字段名	数据类型	长度	空	默认值	备注
UserName	文本	6	No	none	
Password	文本	8	No	none	
Purview	数字	2	No	None	
LastLoginIP	文本	12	No	None	
LastLoginTime	日期/时间	4	No	None	
LastLogoutTime	日期/时间	4	Yes	None	
LoginTimes	数字	12	Yes	None	
AdminPurview_Article	数字	8	No	None	
AdminPurview_Soft	数字	8	No	None	
AdminPurview_Photo	数字	8	No	None	
AdminPurview_Guest	文本	10	No	None	
AdminPurview_Others	文本	12	No	None	
RndPassword	文本	12	No	None	

表 5 - 4 为"人才策略"表 market,记录人才策略管理的情况。

表 5 - 4 market

字段名	数据类型	长度	空	默认值	备注
Manpower	备注		Yes	none	
HomeMarket	备注		Yes	none	
EnHomeMarket	备注		No	None	
OverseasMarket	备注		Yes	None	
EnOverseasMarket	备注		No	none	

表 5 - 5 为"大类产品目录"表 bigclass,记录爱家物业网站的产品情况。

表 5 - 5 bigclass

字段名	数据类型	长度	空	默认值	备注
BigClassID	自动编号	6	No	None	
BigClassName	文本	30	No	None	
EnBigClassName	文本	12	Yes	None	

表 5 - 6 为"留言板"表 feedback,记录留言反馈情况。

表 5 - 6   feedback

字段名	数据类型	长度	空	默认值	备注
User_name	文本	30	Yes	none	
CompanyName	文本	60	Yes	none	
Add	文本	100	No	none	
Postcode	文本	6	No	none	
Receiver	文本	20	Yes	none	
Phone	文本	30	Yes	none	
Mobile	文本	30	No	none	
Fax	文本	50	Yes	none	
Email	文本	50	Yes	none	
Homepage	文本	255	Yes	none	
ReFeedback	备注		Yes	none	
Title	文本	200	Yes	none	
Content	备注		No	none	
Time	日期/时间			none	
Retime	日期/时间			none	
Publish	文本	2	No	none	
Language	文本	4	No	none	

表 5 - 7 为"友情链接"表 friendlinks,记录链接其他网站的情况。

表 5 - 7   friendlinks

字段名	数据类型	长度	空	默认值	备注
ID	自动编号	6	No	none	
LinkType	数字	50	No	none	
SiteName	文本	50	Yes	none	
SiteUrl	文本	50	Yes	none	
SiteIntro	备注	3	Yes	none	
LogoUrl	文本	100	Yes	none	
SiteAdmin	文本	50	Yes	none	
Email	文本	50	Yes	none	
IsGood	是/否		No	none	
IsOK	是/否		No	none	

表 5 - 8"招聘表"hrdemand 和表 5 - 9"求职表"hrdemandaccept,记录在线人才招聘情况。

表 5 - 8　　hrdemand

字段名	数据类型	长度	空	默认值	备注
HrName	文本	60	Yes	none	
HrRequireNum	文本	10	Yes	none	
HrAddress	文本	100	Yes	none	
HrSalary	文本	10	Yes	none	
HrValidDate	文本	10	Yes	none	
HrDetail	备注		No	none	
HrDate	日期/时间		No	none	
HrPublish	是/否		No	none	

表 5 - 9　　hrdemandaccept

字段名	数据类型	长度	空	默认值	备注
Quarters	文本	60	Yes	none	
Name	文本	20	Yes	none	
Sex	文本	10	Yes	none	
Birthday	文本	50	Yes	none	
Stature	文本	10	No	none	
Residence	文本	50	No	none	
Marry	文本	50	Yes	none	
School	文本	50	Yes	none	
Studydegree	文本	60	Yes	none	
Specialty	文本	50	Yes	none	
Gradyear	文本	20	Yes	none	
Phone	文本	50	No	none	
Mobile	文本	50	No	none	
Email	文本	30	Yes	none	
Add	文本	80	Yes	none	
Postcode	文本	50	No	none	
Edulevel	备注		Yes	none	
Experience	备注		Yes	none	
Adddate	日期/时间		No	none	

表 5 - 10 为"小类产品目录"表 smallclass，记录企业小类产品的情况。

表 5 - 10　　smallclass

字段名	数据类型	长度	空	默认值	备注
SmallClassName	文本	80	Yes	none	
BigClassName	文本	80	Yes	none	

表5-11为"产品"表product,记录企业产品展示的情况。

表5-11 product

字段名	数据类型	长度	空	默认值	备注
Product_Id	文本	50	Yes	none	
BigClassName	文本	50	Yes	none	
SmallClassName	文本	50	Yes	none	
Title	文本	255	Yes	none	
Spec	文本	50	No	none	
Newproduct	是/否			none	
Price	数字			0	
Unit	文本	50	No	none	
Memo	文本	100	No	none	
Key	文本	255	Yes	none	
Hits	数字			0	
UpdateTime	日期/时间			none	
Elite	是/否			none	
Passed	是/否			none	
Content	备注			none	
IncludePic	是/否			none	
DefaultPicUrl	文本	255	Yes	none	
UploadFiles	备注			none	

表5-12为"新闻"表news,记录企业各大新闻发布的情况。

表5-12 news

字段名	数据类型	长度	空	默认值	备注
ID	自动编号	6	No	none	
Title	文本	200	No	none	
Content	备注	12	Yes	none	
BigClassName	文本	50	No	none	
SmallClassName	文本	50	Yes	none	
FirstImageName	文本	50	Yes	none	
User	文本	50	No	none	
AddDate	日期/时间	10	Yes	none	
Hits	数字	10	Yes	none	
OK	是/否	10	Yes	none	

5.4.5 网站前台功能模块设计

网站前台设计包括了首页及其他一些功能模块页面的实现,其中首页是全站内容的目录和索引,其实现效果可以直接决定用户对整体网站的印象,是前台展示最重要的环节。首页的具体实现具有典型性,其他模块的页面实现方法与首页相似。

1. 实现要点

网站的内容和功能设计包含企业基本背景介绍、详细产品资料或服务介绍、技术支持资料、企业营销网络,财务报告(特别是上市企业)和收集客户反馈信息。

页面的版面布局应通过文字图像的空间组合达到协调状态,经过草图制作,完成粗略布局,最后定案。页面布局设计的原则是"均称"有序,平衡和谐,利用色彩、色调加强效果,注意凝视效果,注意空白的利用,对语言无法表达的就用图片解说的方法。页面的风格设计中,整体风格是对网站整体形象的综合感受,包括版面布局、浏览方式、交互性、文字、语气、内容价值、存在意义等。建立网站风格的步骤是先确定风格建立在价值内容之上,搞清楚网站将给浏览者产生的印象,努力建立和加强确立的印象。

2. 首页实现

如图 5-3 所示,首页内容分为六个部分:一是成功案例,二是关于我们,三是新闻动态,四是产品展示,五是联系我们,六是友情链接。

图 5-3 首页的整体图

前台展示中所有页面均使用代码来调用固定页面,保证所有前台的公共部分相同,这样利于修改整体网站的信息,利于优化代码,不会产生冗余,也使得整个网站的运行速度得以提高。前台展示中所有页面都调用到的代码为:

```
<!-#include file="Inc/SysProduct.asp" -->//定义所打开页面相关参数
<!-#include file="head.asp" -->//页面头部文件
<!-#include file="Foot.asp" -->//页面底部文件
```

以上代码是所有页面的共有内容,即具有相同的头部文件和底部文件。

3."关于我们"模块

网站管理员可以在后台管理系统中的"关于我们"模块,添加此分类的子类,并设置相应的企业信息。"关于我们"模块可以让用户从数据库中读取企业的相关信息,了解公司的发展背景,如图5-4所示。其中"关于我们"模块中读取数据库的核心代码如下:

```
<%Set rs = Server.CreateObject("ADODB.Recordset")
sql="select Content from Aboutus where Title='企业简介'"
rs.open sql,conn,1,3%>
<%=cutstr(rs("content"),130)%>
<%rs.close
rs=nothing%>
//链接"关于我们"数据库代码
```

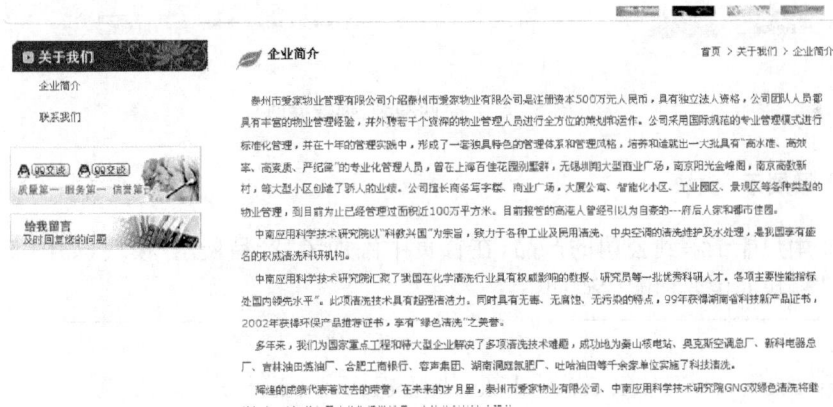

图5-4 "关于我们"模块界面

4."新闻动态"模块

通过在网站首页中添加新闻,能及时更新企业新闻,让用户了解同行业间的新闻动态,如图5-5所示。"新闻动态"模块的主要代码如下:

```
<%set rs_news=server.createobject("adodb.recordset")
sqltext4="select top 5 * from news where BigClassName='企业新闻' order by
id desc"  rs_news.open sqltext4,conn,1,1%>
```

```
<%i=0 do while not rs_news. eof%>
//链接"新闻动态"数据库代码
<a href="shownews. asp? id=<%=rs_news("id")%>" target="_blank" class
="linkleft"><%=cutstr(rs_news("title"),20)%></a>
//显示所调用"新闻动态"数据库的值
<%=FormatDateTime(RS_news("AddDate"),2)%>
//显示所调用的新闻时间
<%rs_news. movenext
i=i+1
if i=6 then exit do
loop
rs_news. close %>
//数据库调用结束
```

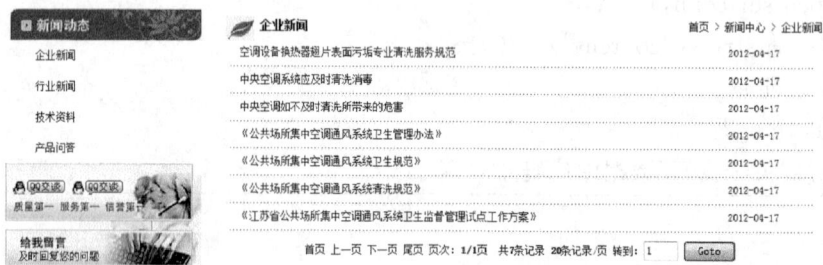

图 5-5 "新闻动态"模块界面

5. "产品展示"模块

为了让用户能了解到公司的产品,在首页中添加了"产品展示"模块,如图 5-6 所示。"产品展示"模块的主要功能代码如下:

```
<%
set rs_Product=server. createobject("adodb. recordset")
sqltext="select top 6 * from Product where Passed=True order by UpdateTime
desc"
rs_Product. open sqltext,conn,1,1
%>
//链接产品数据
<%
If rs_Product. eof and rs_Product. bof then
```

```
response. write "<td><p align='center'><font color='#ff0000'>还没任何产
品</font></p></td>"
    Else
    row_count=1    Do While Not rs_Product. EOF%>
    //判断数据表是否为空
    <a href="ProductShow. asp? ID=<%=rs_Product("ID")%>">
    <img src="<%=rs_Product("DefaultPicUrl")%>" width="100" height="75"
border=0 ></a>
    <a href="ProductShow. asp? ID=<%=rs_Product("ID")%>"><%=rs_
Product("Title")%></a>
    //显示返回产品数据及图片的值
```

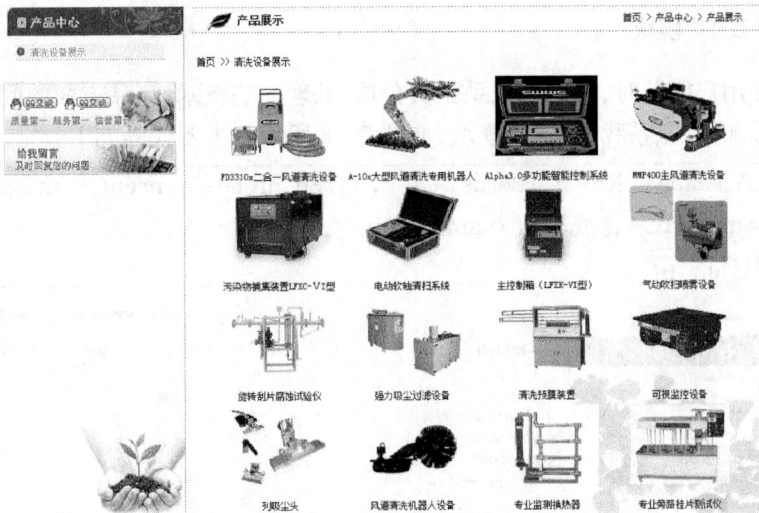

图5-6 "产品展示"模块界面

6. "成功案例"模块

为了让用户来了解公司几年来所取得的成就,所以在网站的首页中添加"成功案例"模块,可以进一步提高企业的知名度,如图5-7所示。"成功案例"模块代码如下:

```
    <a href="CompVisualizeBig. asp? id=<%=rscase("ID")%>" target="_
blank">
    //链接代码
    <img src="<%=rscase("CompVisualize")%>" alt="成功案例" width="100"
height="75" border="0" >
    //调用图片代码
    <%=rscase("explain")%>
    //调用标题文字代码
```

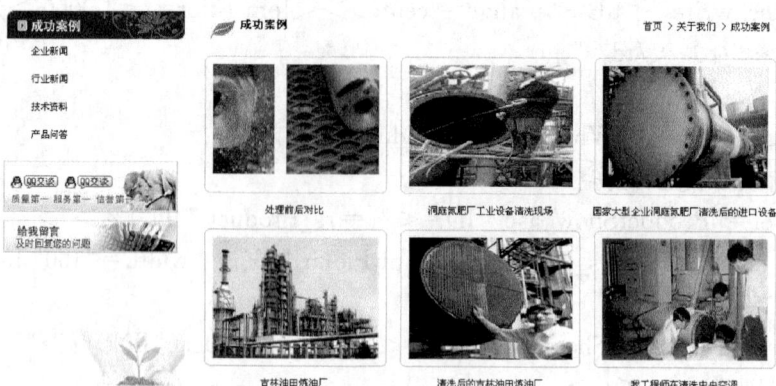

图 5-7 "成功案例"模块界面

7. "联系我们"模块

为了方便用户能及时、快捷的联系到贵公司,处理一些技术、产品方面的问题,本系统网站的首页中添加了"联系我们"这一模块,如图 5-8 所示。主要代码如下:

```
＜AREA shape＝RECT coords＝8,9,83,36 href＝"tencent：//message/？ uin＝
380386431&amp;Site＝在线客服 &amp;Menu＝yes"＞
    //定义鼠标的作用区域
```

图 5-8 "联系我们"模块界面

8. "友情链接"模块

可以帮助用户更快捷地跳转到其他相关站点,本系统网站的首页中添加了"友情链接"这一模块,如图 5-9 所示。"友情链接"模块代码如下:

```
＜%
sqlLink＝"select top 12 ＊ from FriendLinks where IsOK＝True and LinkType＝2
order by IsGood,id desc"
    set rsLink＝server.createobject("adodb.recordset")
    rsLink.open sqlLink,conn,1,1
    j＝1
    do while not rsLink.eof
%＞
```

图 5-9 "友情链接"模块界面

5.4.6 网站后台功能模块设计

1. 管理员登录功能实现

如图 5-10 所示,是网站的后台登录界面,用户名、密码、验证码其中任何一项没有输入时都会显示错误提示框(如图 5-11 所示),如果账户密码错误也会提示错误信息(如图 5-12 所示)。

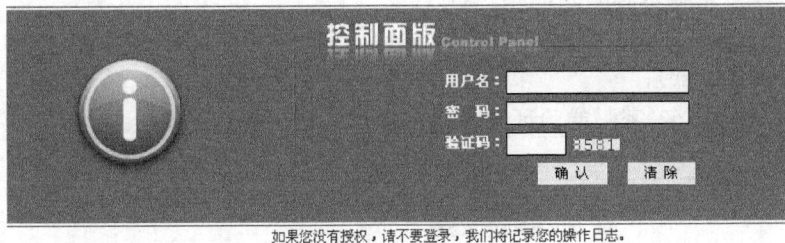

图 5-10 登录界面

登录页面主要代码如下:

```
input name="UserName"
input name="Password"
input name="CheckCode"
```

通过提交按钮 input name="Submit"将输入框中的数据提交到 Admin_ChkLogin. asp进行验证。

控制
来自网页的消息
请输入用户名!
确定
确 认
清 除
如果您没有授权，请不要登录，我们将记录您的操作日志。

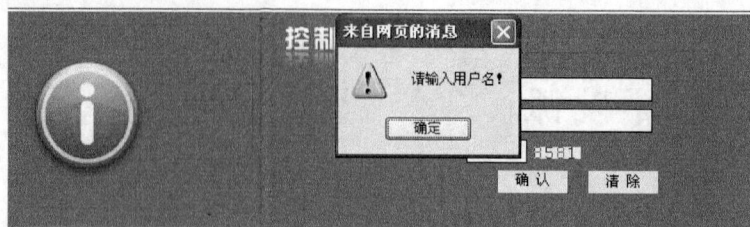

图 5-11　错误提示框

实现功能代码如下：

```
if(document.Login.UserName.value=="")
{
    alert("请输入用户名!");
    document.Login.UserName.focus();
    return false;
}
if(document.Login.Password.value == "")
{
    alert("请输入密码!");
    document.Login.Password.focus();
    return false;
}
if (document.Login.CheckCode.value==""){
    alert ("请输入您的验证码!");
    document.Login.CheckCode.focus();
    return(false);
}//未输入用户名、密码或验证码其中一项时的错误提示代码
```

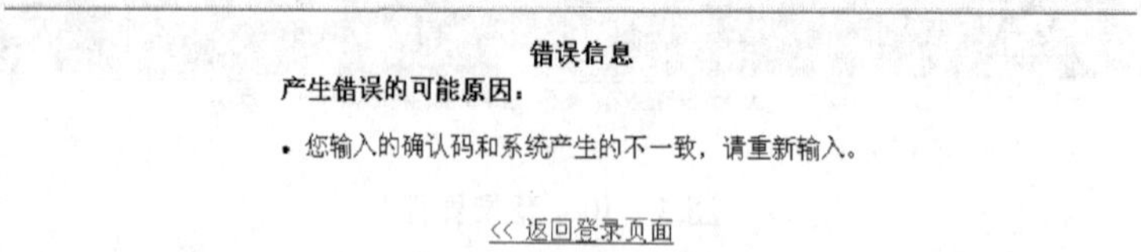

错误信息
产生错误的可能原因：
• 您输入的确认码和系统产生的不一致，请重新输入。
<< 返回登录页面

图 5-12　错误信息图

错误信息提示代码如下：

```
sub WriteErrMsg()
dim strErr
strErr=strErr & "<html><head><title>错误信息</title><meta http-equiv
='Content-Type' content='text/html; charset=gb2312'>" & vbcrlf
```

```
    strErr＝strErr & "<link href='style. css' rel='stylesheet' type='text/css'></
head><body>" & vbcrlf
    strErr＝strErr & "<table cellpadding＝2 cellspacing＝1 border＝0 width＝400
class='border' align＝center>" & vbcrlf
    strErr＝strErr & "<tr align='center'><td height='22' class='title'><strong
>错误信息</strong></td></tr>" & vbcrlf
    strErr＝strErr & "<tr><td height='100' class='tdbg' valign='top'><b>产
生错误的可能原因：</b><br>" & errmsg &"</td></tr>" & vbcrlf
    strErr＝strErr & "<tr align='center'><td class='tdbg'><a href='Login. asp'
>&lt;&lt; 返回登录页面</a></td></tr>" & vbcrlf
    strErr＝strErr & "</table>" & vbcrlf
    strErr＝strErr & "</body></html>" & vbcrlf
    response. write strErr
    end sub
```

如果没有任何问题,则执行这段代码:

```
RndPassword＝GetRndPassword(16)
rs("LastLoginIP")＝Request. ServerVariables("REMOTE_ADDR")
rs("LastLoginTime")＝now()
rs("LoginTimes")＝rs("LoginTimes")＋1
rs("RndPassword")＝RndPassword
rs. update
session. Timeout＝SessionTimeout
session("AdminName")＝rs("username")
session("AdminPassword")＝rs("Password")
session("RndPassword")＝RndPassword
rs. close
set rs＝nothing
call CloseConn()
Response. Redirect "default. asp"
```

页面将会跳转到后台管理界面 default. asp,如图 5－14 所示。

2. 后台管理功能实现

如图 5－13 和图 5－14 所示,后台管理主要包括如下模块:

➤ 系统管理:管理员管理、网站配置、数据库备份、上传文件管理。

➤ 企业信息管理:新增企业信息、管理企业信息。

➤ 产品管理:产品类别、产品管理、添加产品、审核产品。

➤ 成功案例:添加成功案例、管理成功案例。

➤ 新闻管理:添加新闻内容、管理全部新闻、管理新闻类别。

> 留言管理：留言管理、管理员公告。
> 荣誉管理：企业荣誉管理、添加企业荣誉。
> 人才管理：招聘管理、发布招聘、应聘管理、人才策略。
> 友情链接：友情链接管理。

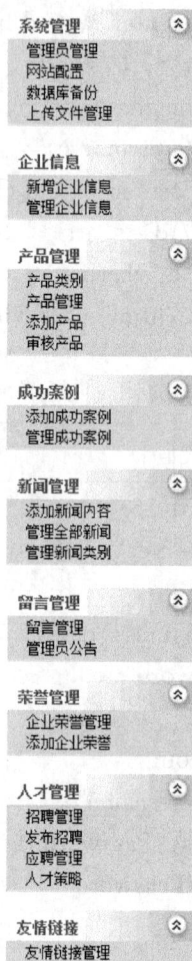

图 5 - 13　后台管理目录

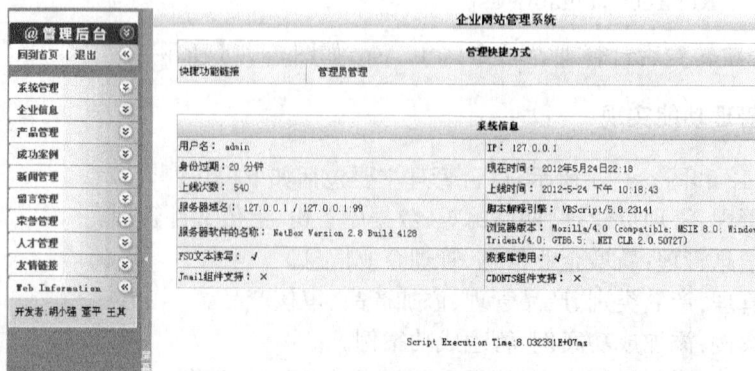

图 5 - 14　后台管理

以上功能模块主要实现了对不同类别信息的管理,包括添加、修改及删除,提供信息输入页面,将所输入的信息添加至数据库,并可以从数据库中读取信息进行修改或删除。这里,选取部分模块功能来说明后台管理的实现。

3."系统管理"模块

系统管理的主要功能包括管理员管理、网站配置、数据库备份和上传文件管理。其中管理员管理功能如图5-15所示,包括了添加管理员功能和管理员修改及删除功能。

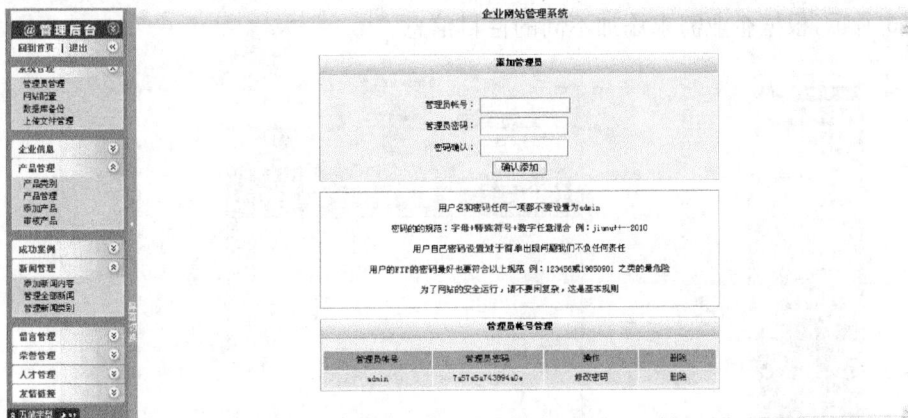

图5-15 管理员管理

添加管理员功能实现的主要代码如下:

```
set rs=server. createobject("adodb. recordset")
sql="select * from admin where UserName='" & UserName & "'"
rs. open sql,conn,1,1       //连接数据库,查询用户是否已存在
if rs. recordcount >= 1 then
response. write   "<script language=javascript>alert('此管理员账号已经存在,请选用
其他账号! ');history. go(-1);</script>"
response. End
rs. close
set rs=nothing
end if
password=md5(password)            //对密码进行 MD5 摘要,保证安全
set rs=server. createobject("adodb. recordset")
sql="select * from admin"
rs. open sql,conn,1,3
rs. addnew                    //将管理员用户名和密码添加至数据库
rs("UserName")=UserName
rs("PassWord")=password
```

```
rs. update
rs. close
set rs＝nothing
```

修改与删除功能实现的过程与添加过程类似,区别是执行不同的 SQL 语句。

4. "企业信息管理"模块

企业信息管理的主要功能包括新增企业信息、管理企业信息,其中新增企业信息功能如图 5－16 所示,根据企业需求添加不同的栏目信息。

图 5－16　新增企业信息管理

新增企业信息功能实现的主要代码如下:

```
    Title＝Trim(Request("Title"))                //获取新增的信息
    Content＝Request("Content")
    Aboutusorder＝Request("Aboutusorder")
    Language＝Request("Language")
If Title＝"" Then            //判断标题和内容是否为空,不能为空
    response. write "SORRY <br>"
    response. write "请输入栏目名称! <a href＝""javascript:history. go(－1)"">返
回重输</a>"
    response. end
    end if
    If Content＝"" Then        //判断标题和内容是否为空,不能为空
    response. write "SORRY <br>"
    response. write "请输入栏目内容! <a href＝""javascript:history. go(－1)"">返
回重输</a>"
    response. end
    end if
    Set rs ＝ Server. CreateObject("ADODB. Recordset")
```

```
sql="select * from Aboutus"
rs. open sql,conn,1,3        //连接数据库,并将信息添加至数据库
rs. addnew
rs("Title")=Title
rs("Content")=Content
rs("Aboutusorder")=Aboutusorder
rs("Language")=Language
rs. update
rs. close
```

另外,管理企业信息功能主要是对信息的修改和删除,与新增过程类似,执行不同的
SQL 语句。

5. "产品管理"模块

产品管理的主要功能包括产品类别、产品管理、添加产品、审核产品。其中产品类别实现了产品不同分类的添加、修改与删除,产品管理是对查看的所有产品修改与删除。新添加的产品只有经过审核才能显示。如图 5-17 所示,产品管理包括了修改和删除。

图 5-17 产品管理

产品删除功能实现的主要代码如下:

```
sub DelProduct(ID)
PurviewChecked=False
sqlDel="select * from Product where ID=" & CLng(ID)
//根据产品的 ID 查询数据库
Set rsDel= Server. CreateObject("ADODB. Recordset")
rsDel. open sqlDel,conn,1,3
if FoundErr=False then
if DelUpFiles="Yes" and ObjInstalled=True then
```

```
dim fso,strUploadFiles,arrUploadFiles
strUploadFiles=rsDel("UploadFiles") & ""
if strUploadFiles<>"" then
Set fso = CreateObject("Scripting.FileSystemObject")
if instr(strUploadFiles,"|")>1 then
arrUploadFiles=split(strUploadFiles,"|")
for i=0 to ubound(arrUploadFiles)
if fso.FileExists(server.MapPath("../" & arrUploadfiles(i))) then
fso.DeleteFile(server.MapPath(".../" & arrUploadfiles(i)))
end if
next
else
if fso.FileExists(server.MapPath(".../" & strUploadfiles)) then
  fso.DeleteFile(server.MapPath(".../" & strUploadfiles))
end if
end if
Set fso = nothing
end if
end if
rsDel.delete                    //删除掉产品的相关信息
rsDel.update
set rsDel=nothing
end if
end sub
```

如图 5-18 和图 5-19 所示,审核产品模块可以对产品进行审核或者取消审核。

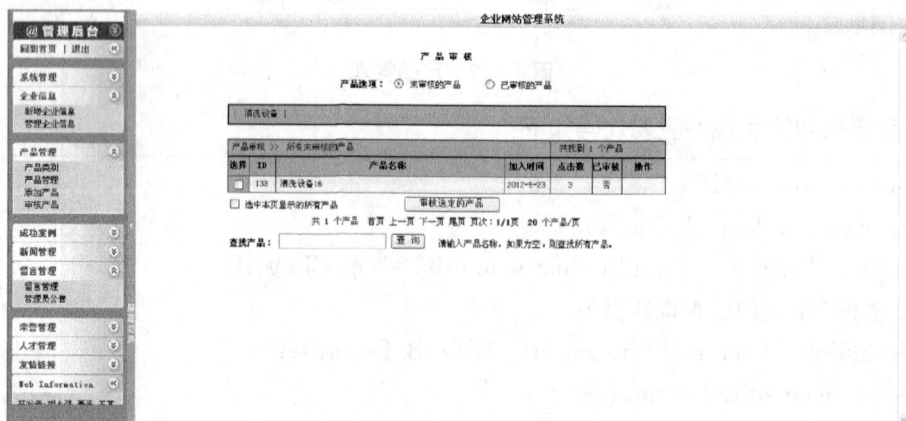

图 5-18　产品未审核

图 5 - 19　产品已审核

审核产品功能实现的主要代码如下：

```
sub CheckArticle(ID,CheckAction)
PurviewChecked=False
sqlDel="select * from Product where ID=" & CLng(ID)
Set rsDel= Server. CreateObject("ADODB. Recordset")
rsDel. open sqlDel,conn,1,3//根据 ID 查询产品的信息
if rsDel. bof and rsDel. eof then
FoundErr=True
ErrMsg=ErrMsg & "<br><li>找不到文章:" & rsDel("ID")
end if
if CheckAction="Check" then
rsDel("Passed")=True
//如果审核通过则将该产品信息中的字段置为真
elseif CheckAction="CancelCheck" then
rsDel("Passed")=False
//如果取消审核则将该产品信息中的字段置为假
end if
rsDel. update
set rsDel=nothing
end sub
```

另外,产品类别及添加产品功能实现过程可参考企业信息管理,不再作描述。

6. "留言管理"模块

留言管理的主要功能包括留言管理、管理员公告。其中管理员公告如图 5 - 20 所示,当管理成功发布公告后,前台页面会显示管理员公告。

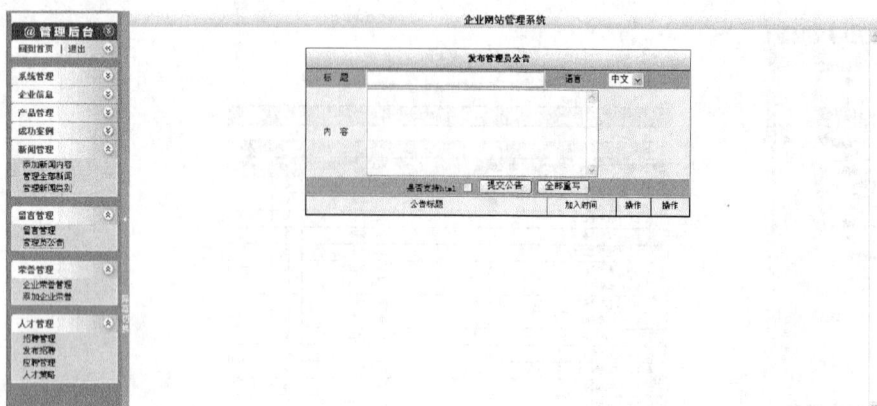

图 5－20　管理员公告

管理员公告功能实现的主要代码如下：

```
Set rs = Server. CreateObject("ADODB. Recordset")
sql＝"select top 1 ＊ from Feedback where UserName＝' 管理员 '"
rs. open sql,conn,1,3          //查找管理员身份
rs. addnew                     //将管理员所发公告添加至数据库
if request. form("html")＝"on" then
rs("content")＝request. form("content")
else
rs("content")＝htmlencode2(request. form("content"))
end if
rs("UserName")＝request. form("UserName")
rs("title")＝request. form("title")
rs("Publish")＝"0"
rs("Language")＝request. form("Language")
rs("time")＝date()
rs. update
rs. close
```

5.4.7　网站测试

　　网站测试是保证网站质量的关键步骤,是对网站设计和编码的最后复审。不管设计者的实践经验如何丰富,都不可避免地会出现程序错误,要尽可能地发现程序中出现的问题及运行错误,并进行修改,这才是测试的根本目的。因此,掌握好的程序调试的方法对于网站的运行来说至关重要。在测试站点过程中应该注意以下几个方面：

　　① 确保在目标浏览器中,网页能按照预期目标显示和工作,无损坏的链接,下载时间不宜过长等。

② 了解各类浏览器对网页的支持程度,不同类型的浏览器访问同一个网页时会有不同的效果。由于很多制作的特效在有些浏览器中可能看不到,因而需要进行浏览器兼容性检测,找出不兼容的部分。

③ 检查链接的正确性,我们可以通过 Dreamweaver 提供的检查链接功能来检查文件。

ASP 的错误类型包括 VBScript 语法错误、VBScript 运行时错误和 ADO 错误三类。在 VBScript 中,解释器对错误进行了编号,如果出现错误并且得到了错误编号,就能获得当前的错误类型,并作出相应的处理。通过 Error 对象的 Number 属性可以获得错误编号。

该网站主要运用 ASP 实现程序开发,以源动力专业代码调式工具进行测试。网站测试过程中遇到了以下几个主要问题,经过对错误进行处理,总结出了相应的解决方案:

(1) 问题一:eWebEditor 在浏览器 IE7、IE8 进行测试时,页面上许多按钮都失效,不能操作成功。

原因:在几个浏览器交换检测下,发现 eWebEditor 能在其他浏览器上运行。经过多次摸索后,发现原来是浏览器 IE7、IE8 不支持 anonymous 造成的。

解决方法:用记事本打开\admin\JZPEditor\Include 下面的 Editor. js 文件,用查找功能找到下面这行代码:

```
if (element. YUSERONCLICK) eval(element. YUSERONCLICK + "anonymous
()");
```

将其替换修改成如下:

```
if(navigator. appVersion. match(/MSIE (7|8)\. /i)! =null){
    if ( element. YUSERONCLICK ) eval ( element. YUSERONCLICK + "
onclick (event)");
    }else{
    if (element. YUSERONCLICK) eval(element. YUSERONCLICK + "anonymous
()");
    }
```

(2) 问题二:ASP 程序调试中提示错误。

```
MicrosoftOLEDBProviderforODBCDrivers(0x80004005)。
```

打开数据时出现错误,没有在指定的目录里发现数据库。

原因:开始在命名数据库文件夹时,误将它写错,写成了 Datebase。

解决方法:重新到数据库中找到文件夹 Datebase,将它重命名。

(3) 问题三:在地址栏输入:127.0.0.1 时,未能显示正确网页。

原因:IIS 版本存在问题。

解决方法:因为安装的是 XP 系统,重新安装了 IIS5.1 版本后,解决了问题,但是为了网站运行的安全起见,还是使用 ASP 调试工具比较保险。

5.4.8　结语

本课题是基于 ASP 技术所开发的泰州爱家物业网站,通过设计,为泰州爱家物业打造了一个企业信息化平台,帮助公司对各种数字资源进行采集、管理、利用、发布、挖掘等处理。网站的管理者能够快捷地对信息作出相应的处理,提高了公司的运行效率和竞争力,提升了公司的工作效率和品牌效应,网站已成功投入商业运营。到目前为止,该系统的运行情况良好,得到了泰州爱家物业的好评。

同时,基于此网站,可以为其他物业管理公司提供信息化平台,降低项目开发和实施的成本,达到"一次开发,多次利用"的效果。也可以根据用户需求的变化,对此网站二次开发,扩展网站的功能。

目前,我国的中小企业对类似的网站需求量极大,通过此系统的开发,可以有效地帮助中小企业完成信息化建设,提升他们在互联网时代的竞争力。企业网站的设计具有较好的应用前景。

由于本人的能力有限,在网站的开发过程中也遇到了各种问题,通过一点一滴地收集有关资料和数据,摸索细节问题,最终完成了此网站的开发。当然,系统中还有一些不足之处将在其运行过程中,通过与用户相互沟通,进一步完善。本网站通过 3 人一组设计团队的共同努力,分别实现了网站前台设计、后台设计及网站美工的任务。通过设计训练,使得本人的动态网页开发的技能得以提高,个人操作和团队协作相结合的方法提高了我们的协作能力和职业素养。

5.4.9　谢辞(略)

5.4.10　参考文献

［1］　李玉虹. ASP 动态网页设计能力教程(第二版)［M］. 北京:中国铁道出版社,2011.

［2］　吴鹏. ASP 程序设计教程与实训［M］. 北京:北京大学出版社,2006.

［3］　刘贵国. DREAMWEAVER CS3 动态网页设计 ASP 篇(配光盘)［M］. 北京:清华大学出版社,2010.

［4］　胡小强. ASP＋Access 泰州爱家物业 CMS 系统的开发与应用［D］. 常州纺织服装职业技术学院毕业论文,2012.

［5］　网站设计时的注意事项和常用的网站开发技术,http://u. cyzone. cn/blog/384113,2012.

第6章

嵌入式应用系统设计（嵌入式系统工程专业）

6.1 嵌入式应用系统设计一般原则

嵌入式系统所涉及的应用领域和实现技术非常广泛，但它们又与几十年来计算机技术的发展一脉相承。嵌入式系统一般由嵌入式处理器、外围硬件设备、嵌入式操作系统以及用户应用程序等四个部分组成，用于实现数据的采集和对其他设备的监视、控制和管理等功能。嵌入式系统一般来说都是专用系统，一旦被开发出来，其用途就被唯一确定下来了。此外，嵌入式系统的软、硬件是高度定制的，定制的目的是提供可以满足需求的最低软、硬件配置，从而节省成本。

当设计开发人员接到一个嵌入式系统开发任务时，一般要依次进行以下工作。

6.1.1 系统需求分析

系统需求需要对所开发的系统要解决的问题进行详细的分析，弄清楚问题的定义，明白所要开发的嵌入式系统到底是用来"做什么"的。需求分析至关重要，它具有决策性和方向性，一旦需求分析产生了大的偏差，会对后续阶段产生非常不利的影响。

6.1.2 系统设计

通过系统需求分析搞清楚所要开发的嵌入式系统是用来"做什么"之后，接下来的任务就是"怎么做"。系统设计阶段是一个把需求转换为表示的过程，形成设计文档。文档包括嵌入式系统的硬件设计文档和软件设计文档。

硬件设计主要包括嵌入式处理器的选择、外围设备需求情况、存储器、开发调试工具和易用性等方面。

软件设计主要包括操作系统选型、操作系统性能指标评估、操作系统组件、设备驱动程序、调试工具、开发工具、许可证、应用软件开发技术选型等。

6.1.3 硬件开发、软件开发

设计文档齐备后，接下来就是嵌入式系统的开发，开发同样包括硬件和软件两部分。

硬件开发主要包括CPU核心板开发、系统板开发，需要考虑的包括存储系统开发、系统接口开发等。

软件开发与传统桌面应用的开发有所不同，嵌入式系统的软件开发往往采用"宿主/目标机"方式，首先需要构建交叉编译环境，然后在宿主机上开发和仿真调试目标机上的软件；接着通过串口、USB口或网线将目标代码下载到目标机上，目标代码在目标机上直接运行，或者是在宿主机上通过交叉调试软件对目标机上的目标代码进行监控运行以进行分析和调试。

6.1.4 软硬件集成测试

将开发的硬件系统、软件系统、数据源、用户操作等综合起来，对产品进行全面测试。

6.1.5 发布与维护

将产品发布给市场或客户，及时获取反馈，以进行嵌入式产品的改进和升级。

嵌入式系统的开发要比普通的桌面应用软件开发复杂，所使用的的技术也更为繁杂，一般一个嵌入式系统不会由一个人单独完成，在公司也常常不是由一个部门单独完成，这就形成了嵌入式系统开发中的不同角色。所以，嵌入式系统的开发人员一般需要明白自己的角色，完成开发中一个环节或一个特定专业领域的任务即可。

6.2 嵌入式应用系统硬件设计

嵌入式系统硬件设计包含CPU的核心板设计、存储器系统设计和接口开发，在设计过程中通常需要考虑以下因素。

6.2.1 成本

嵌入式产品往往对成本特别敏感，在做硬件选型时常常不是追求最好的性能指标，而是够用就行。

6.2.2 芯片的通用性

无论是处理器、存储器还是各种接口芯片，在成本允许的情况下都尽量选择通用性强、货源充足、技术资料丰富的芯片。

6.2.3 处理器芯片对操作系统的支持情况

处理器应支持所需操作系统的运行,最好有已移植好的对应操作系统版本。

6.2.4 尽可能选用典型接口芯片和典型外围电路

一方面有利于开发成本的降低,另一方面有利于标准化和模块化。在成本和性能指标允许的情况下,尽量使用 SoC 芯片,以减少芯片数量和外围电路的复杂性,这也有利于提高系统的硬件稳定性和减小系统的硬件体积。

6.3 嵌入式应用系统软件设计

嵌入式系统的一大特点就是软件开发的特殊性和困难性,一方面它往往需要专用的开发和调试工具,另一方面需要多种软件技术的组合。嵌入式系统软件设计主要包括操作系统选型、移植、驱动开发和应用程序开发。

6.3.1 操作系统

随着嵌入式系统越来越复杂,操作系统变得越来越重要,操作系统向下管理硬件,向上支撑应用软件。在选择操作系统时一般要考虑以下因素:实时性、可移植性、可利用资源、系统订制能力、实时性、成本和中文支持等。

6.3.2 驱动程序

是否有能力进行基于操作系统的驱动程序开发或修改能力,或者是否已有现成的驱动程序。

6.3.3 应用程序

嵌入式应用程序运行在操作系统和驱动程序之上,主要关注的是业务逻辑部分,无论是开发难度还是学习难度相对来说都较低,但嵌入式应用软件开发无论是开发环境、开发过程还是最后的部署都与桌面软件有所不同。

首先,嵌入式软件开发常常是基于"宿主/目标机"模式进行开发,所以需要构建交叉编译环境,不同的操作系统的交叉编译环境构建方式不一样。例如,基于嵌入式 Linux 的应用软件开发,一般需要在 Windows 上运行 Linux 虚拟机,虚拟机里安装交叉编译软件,目标机上需要安装 BootLoader、Linux 内核、文件系统等。

其次,嵌入式软件是在宿主机上开发,然后通过交叉编译工具下载到目标机上调试和运行,这个过程需要 USB 线、网线、仿真器等设备的支持。

最后,开发好的程序需要部署到目标机上。一般嵌入式系统上没有硬盘,取而代之的是 ROM 或 Flash,可能需要用到专用的烧写工具。

6.4 嵌入式应用系统设计实例——基于 WSN 的温湿度远程监测系统

6.4.1 前言

许多车间、库房(如生物制药、无菌室、洁净厂房、电信银行、图书馆、档案馆、文物馆、智能楼宇等)保存着的物质对温湿度特别敏感,一旦温湿度超标可能会带来严重后果,因此需要在车间、库房的合理位置安装温湿度传感器进行 24 小时实时监测,并能在远程中控室的监测主机上实时显示各个位置的温湿度测量值。一旦数值出现超出预设温湿度上下限,在监测主机上可以通过一些颜色、声音的变化来报警。

本系统设计了一种基于 ZigBee 无线传感网和嵌入式网关的温湿度远程监测系统,整个系统的基本结构如图 6-1 所示:

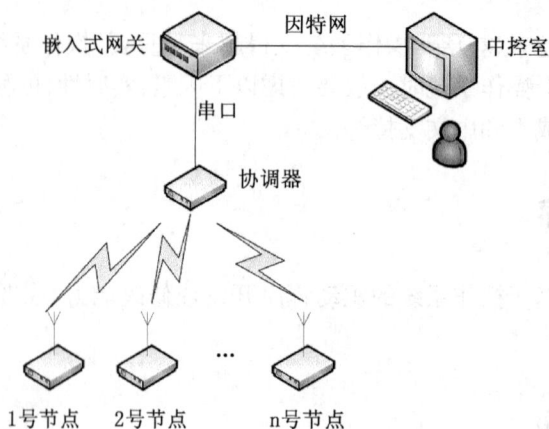

图 6-1 系统结构图

整个系统包括 WSN 无线传感网、嵌入式网关和中控室监控三部分。无线传感网的协调器通过串口与嵌入式网关相连,嵌入式网关通过以太网与中控室进行数据通信。

主要技术参数:

◆ 监测点数:1~5 个 (可扩充到 255 个);

◆ 温度范围:-40℃~+60℃;

◆ 温度精度:±0.5℃(-10℃~+35℃);

◆ 湿度范围:0~100%RH;

◆ 湿度精度:±5％RH(30～90％RH);

◆ 电源:220V/AC ±10％。

6.4.2 基于 WSN 的温湿度远程监测系统结构和原理

无线传感网设计

1. 硬件设计

无线传感器网络是综合了传感器技术、信息处理技术和无线通信技术的新兴交叉学科。它通过在监测区域内部署结点,形成一个自组织网络系统,目前已在自动控制、环境监测等领域得到广泛的应用。将无线传感网络技术与分布式数据采集技术相结合,可以解决传统方式的布线和电源问题,具有高效、灵活、低成本的特点。ZigBee 是一种基于 IEEE 802.15.4 标准的无线协议,主要应用于低通信速率,低功耗设备的组网,支持 250kbit/s 的数据传输速率,可以实现一点对多点的快速组网。ZigBee 技术的主要优点有省电、可靠、成本低、时延短、网络容量大、安全。

ZigBee 网络支持 3 种类型拓扑结构:星型结构,网格状结构和簇状结构,本系统使用星型网络实现通信,网络配置一个协调器和多个终端结点,在星型网络中所有的终端设备都只与协调器通信。

结点硬件原理框图如图 6-2 所示:

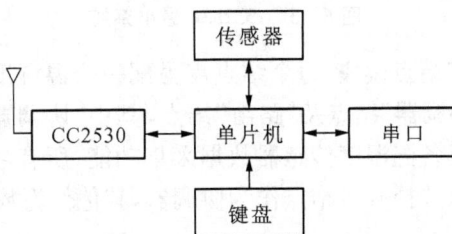

图 6-2 无线传感结点原理框图

协调器可以和结点采用相同的硬件设计,一旦硬件设计好之后,可以通过软件烧写来设定硬件是协调器还是传感结点。为了降低开发的难度和系统的可靠性,可以选购市场上成熟的结点产品。

本系统选用成都无线龙公司的基于 CC2530 的无线传感结点,该结点集成了 51 单片机和 CC2530 模块。CC2530 是 TI 公司推出的新一代 ZigBee 无线单片机系列芯片。CC2530 除了包括 RF 收发器外,还集成了加强型 8051 单片机,它具有 2/64/128 kB 可编程闪存和 8 kB 的 RAM,以及 ADC、看门狗等部件。CC2530 可工作在 2.4 GHz 频段,采用低电压 (2.0～3.6 V)供电,待机时电流消耗仅 0.2 μA,但灵敏度高达 -91 dBm、最大输出为 +0.6 dBm、最大传送速率为 250 kbps。CC2530 仅需添加少量的外围元件就可以完成 ZigBee通信功能的硬件实现。

基于 CC2530 芯片的最小系统如图 6-3 所示:

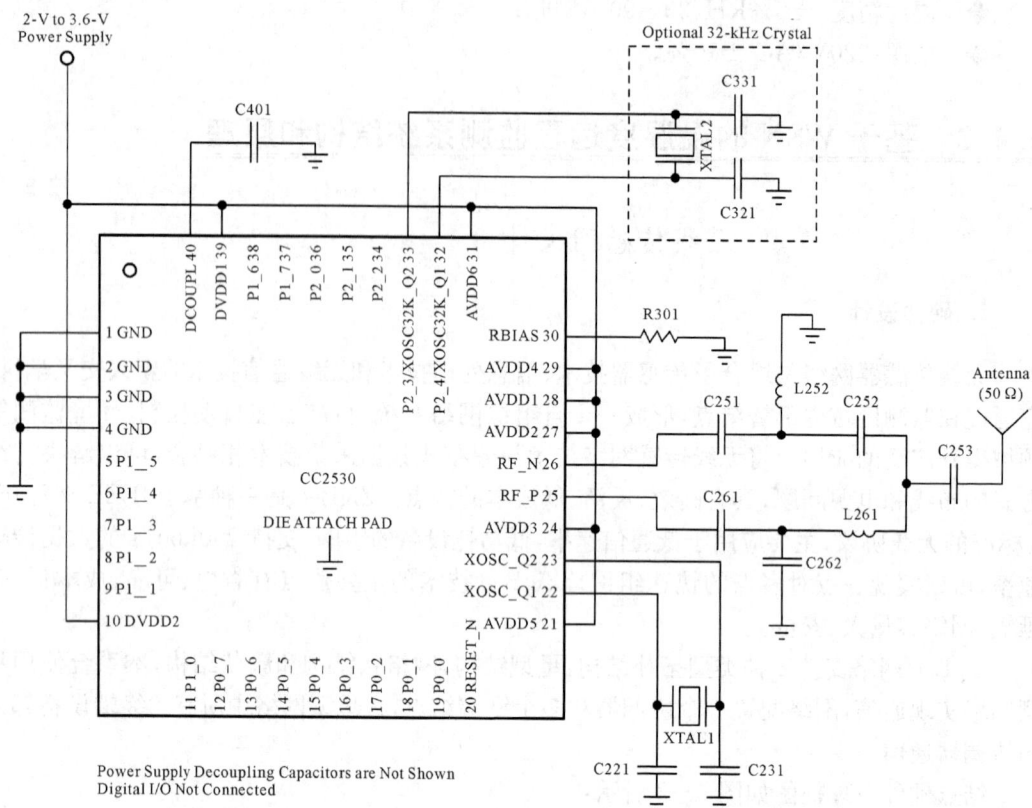

图 6-3　CC2530 最小系统

　　系统需要 2～5 个感知结点模块,每个结点需另配一个温湿度传感器,并提供了半定制的 ZigBee 协议栈,包括"协调器"结点及"路由"结点,其中"协调器"结点具备网络管理及数据转发功能,"路由"结点具备温湿度传感器数据采集功能,所有功能实现符合发布的"无线组网通信协议"。一般可以选择 0 号结点作为协调器,其他作为数据采集结点。

2. 温湿度传感器

　　本系统采用 SHT10 温湿传感器,该传感器采用了独特的 CMOSensTM 技术,具有数字式输出、免调试、免标定、免外围电路及全互换等特点。其主要技术指标包括:

湿度测量范围:0～100％RH;

湿度测量精度:±4.5％RH;

温度测量范围:-40～123.8 摄氏度;

温度测量精度:±0.4 摄氏度;

工作电压:2.2～25.5VDC;

输出:数字信号。

3. 软件设计

软件流程如图 6-4 所示:

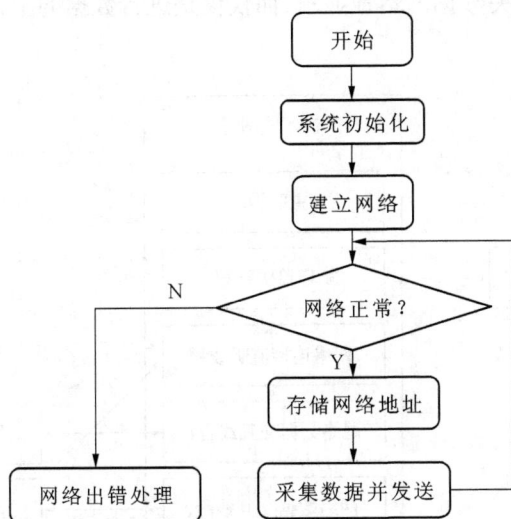

图 6-4 CC2510 程序流程

整个程序的重点是通信协议的制定和数据的采集与发送。

嵌入式网关设计

1. 功能设计

嵌入式网关的主要作用是通过串口接收从 ZigBee 协调器传过来的温湿度数据,然后通过以太网传输到远程中控室。嵌入式网关是整个系统的设计难点和关键点,承上启下,它起到数据和指令的上传下达的作用。嵌入式网关可以基于嵌入式 Linux 开发,也可以基于普通的 PC 机和 Windows 系统开发。

2. 基于嵌入式 Linux 的网关设计

基于 ARM 和 Linux 的嵌入式网关设计是一种流行的、成熟、成本较低的方案。本嵌入式网关设计选用 QQ2440 开发板,该开发板的硬件资源主要包括:

处理器:三星 S3C2440A,主频 400MHz;

SDRAM:64MB;

Nand Flash:64MB;

接口:1 个 10M 以太网 RJ-45 口,3 个串行口;

操作系统:支持 Linux 2.6.13 和 WinCE 4.2;

驱动:齐全、开放。

在进行嵌入式网关的应用软件开发时,首先搭建交叉编译环境,包括引导系统、LINUX 操作系统内核、文件系统、QT4 图形库的安装等,为应用程序运行提供环境,其具体搭建过程请参考 QQ2440 官方文档进行。

嵌入式网关程序的主要任务:通过串口接收来自 ZigBee 协调器的串码并做解析得到温度和湿度数据,然后将其通过以太网转发出去,如果需要本地显示的话。那么需要为嵌入式网关配置液晶屏并编写图形程序,可以考虑选用 QT4、MiniGUI 等图形库进行开发。

在不考虑嵌入式网关数据的本地显示,而仅仅是进行数据的上传下达,其软件模型如图 6 - 5 所示:

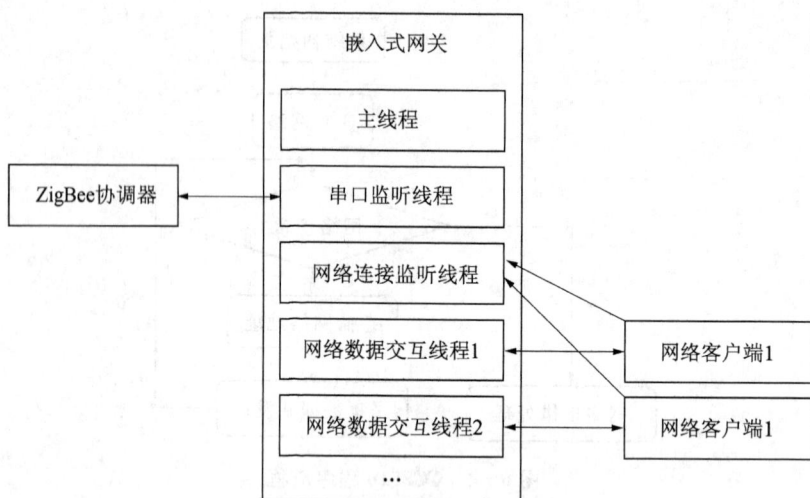

图 6 - 5 嵌入式网关软件模型

嵌入式网关核心代码如下:

```
#include <sys/types. h>
#include <sys/socket. h>
#include <stdio. h>
#include <netinet/in. h>
#include <signal. h>
#include <unistd. h>
#include <pthread. h>
#include <string. h>
#include <fcntl. h>
#include <termios. h>
#include <errno. h>
void * listen4clients(void * arg);
void * exchange(void * arg);
void writenet(char * buf, int n);
void * listen4com(void * arg);
void init_com();
void writecom(char * buf, int n);
// 服务器句柄
int server;
// 网络客户端句柄
int client[1024];
// 网络客户端是否连接标志
```

```
int flag[1024] = 0;
// 客户端个数
int count = 0;
int server_len;
int client_len;
// 用来描述服务器端和客户端的结构体
struct sockaddr_in server_addr;
struct sockaddr_in client_addr;
int running = 1;
// 网络监听线程
pthread_t t_listen;

// 网络初始化
void init_net()
{
    // 建立服务器
    server = socket(AF_INET, SOCK_STREAM, 0);
    // 设置服务器参数
    server_addr.sin_family = AF_INET;
    server_addr.sin_addr.s_addr = htonl(INADDR_ANY);
    server_addr.sin_port = htons(8080);
    server_len = sizeof(server_addr);
    // 绑定
    bind(server, (struct sockaddr *)&server_addr, server_len);
    // 建立网络监听线程
    if (pthread_create(&t_listen, NULL, listen4clients, NULL) != 0)
    {
        printf("Fail to create listen thread\n");
        exit(1);
    }
}

// 写网络
void writenet(char * buf, int n)
{
    int i;
    for (i = 0; i < 1024)
    {
        if (flag[i])
```

```
        {
            write(client[i], buf, n);
        }
    }
}


// 网络监听线程，专门用于处理客户端来的连接请求
void * listen4clients(void * arg)
{
    // 启动监听
    listen(server, 100);
    while (running)
    {
        client_len = sizeof(client_addr);
        // 接受客户端连接
        client[count] =
        accept(server, (struct sockaddr * )&client_addr, &client_len);
        // 修改客户端连接标志
        flag[count] = 1;
        printf("client %d comes. \n", count);
        pthread_t t;
        int a = count;
        // 为新来的客户端建立一个单独的网络数据交互线程
        if (pthread_create(&t, NULL, exchange, (void * )&a) ! = 0)
        {
            printf("Fail to create data exchange thread %d\n", a);
        }
        count++;
    }
}


// 网络数据交互线程函数
void * exchange(void * arg)
{
    // 获取传递过来的参数，即线程的编号
    int count = * (int * )arg;
    printf("new exchange thread %d created. \n", count);
    // 用于接收客户端数据的缓冲区
    char buf[128];
```

```
    while (running)
    {
        // 接收客户端数据
        int n = read(client[count], buf, 128);
        if (n > 0)
        {
            // 在数据的结尾加了一个字符串结束标志
            buf[n] = '\0';
            // 输出到串口
            writecom(buf, n);
        }
        else
        {
            break;
        }
    }

    // 修改客户端连接标志
    flag[count] = 0;
    // 关闭客户端
    close(client[count]);
}


// 串口
int com;
// 串口初始化
void init_com()
{
    // 打开串口
    com = open("/dev/ttyS0", O_RDWR | O_NONBLOCK);
    if (com < 0)
    {
        exit(0);
    }
    else
    {
        printf("Succeed to open com. \n"); }
        // 串口参数设置用的结构体
        struct termios com_attr;
```

```
            // 将参数设置结构体清 0
            memset(&com_attr, 0, sizeof(com_attr));
            // 忽略帧错误和奇偶校验
            com_attr.c_iflag = IGNPAR;
            // 波特率 9600，字符长度 8，允许接收
            com_attr.c_cflag = B9600 | HUPCL | CS8 | CREAD | CLOCAL;
            // 最少接收一个字符
            com_attr.c_cc[VMIN] = 1;
            // 将串口参数设置到串口中去
            tcsetattr(com, TCSANOW, &com_attr);
            // 建立串口接收线程
            pthread_t t;
            // 建立串口监听线程
            if (pthread_create(&t, NULL, listen4com, NULL) ! = 0)
            {
                printf("Fail to create listen thread\n");
                exit(1);
            }
        }


        // 写串口
        void writecom(char * buf, int n)
        {
            int n = write(com, buf, n);
        }


        // 串口监听线程，专门用于接收串口来的数据
        void * listen4com(void * arg)
        {
            printf("Com thread starts to run. \n");
            // 串口数据接收缓冲区
            unsigned char buf[128] = {0};
            while (running)
            {
                int n = read(com, buf, 128);
                if (n > 0)
                {
                    buf[n] = '\0';
                    writenet(buf, n);
```

```
        }
    }
    // 关闭串口
    close(com);
}


int main()
{
    init_com();
    init_net();
    while (1)
    {
        int cmd;
        scanf("%d", &cmd);
        if (cmd == 0)
        {
            running = 0;        // 修改线程运行标志以结束所有子线程
            break;              // 结束本循环,准备退出程序
        }
        sleep(1);
    }
    return 0;
}
```

3. 基于 Windows 的网关设计

使用 Windows 平台进行网关设计是一种快速解决方案,借助 C♯ 等高级设计语言和庞大的. Net 库,再加上 Visual Studio 良好的编辑、调试环境,可以很快地开发出本网关软件,其软件模型依然如图 6 - 5 所示,核心代码如下:

```
using System;
using System. Collections. Generic;
using System. ComponentModel;
using System. Data;
using System. Drawing;
using System. Linq;
using System. Text;
using System. Windows. Forms;
using System. Threading;
using System. Net;
using System. Net. Sockets;
```

```
using System. IO;
using System. IO. Ports;
using System. Collections;
namespace Server
{
    public partial class Form1 : Form
    {
        private SerialPort com;                  // 串口
        private TcpListener server;              // 网络监听器
        private ArrayList clientList = new ArrayList();      // 客户列表
        private Thread t_com;                    // 串口监听线程
        private Thread t_net;                    // 网络监听线程
        private bool running = true;             // 线程运行标志
        private void Form1_Load(object sender, EventArgs e)
        {
            // 创建串口对象与设置参数
            com = new SerialPort();
            com. PortName = "COM2";
            com. BaudRate = 9600;
            t_com = new Thread(Listen4Com);
            // 创建网络监听器与设置参数
            server = new TcpListener(IPAddress. Any, 8080);
            t_net = new Thread(Listen4Client);
            t_com. Start();
            t_net. Start();
        }
        // 客户端连接请求监听线程
        private void Listen4Client()
        {
            server. Start(); // 启动监听器

            while (running)
            {
                // 建立于客户端的连接
                TcpClient client = server. AcceptTcpClient();
                // 将客户加入列表
                clientList. Add(client);
                // 建立一个用于与客户端交互的线程
                Thread thread =
```

```
        new Thread(new ParameterizedThreadStart(HandleClientComm));
            // 启动与客户端交互的线程,并将 client 作为参数传入
            thread. Start(client);
        }
        // 关闭监听器
        server. Stop();
}
// 与客户端交互的线程函数
private void HandleClientComm(object obj)
{
        // 从传入的参数中取出 TcpClient 对象
        TcpClient client = (TcpClient)obj;
        // 从 client 对象建立传输流
        NetworkStream ns = client. GetStream();
        int n = 0;
        byte[] buf = new byte[1024];
        while (running)
        {
            try
            {
                // 读取缓冲区中的内容,其实际读到的数据长度为 n
                n = ns. Read(buf, 0, 1024);
                if (n > 0)
                {
                    // 将读到的字节数组转换为字符串
                    string text = Encoding. ASCII. GetString(buf, 0, n);
                    // 发送到网络上去
                    WriteNet(buf);
                }
            }
            catch (Exception e)
            {
                throw e;
            }
            // 如果 n 等于 0,表明客户端已经断开了连接
            if (n == 0)
            {
                // 结束与客户端进行交互的线程
                break;
```

```
            }
        }
        // 将 client 从客户列表中删除
        clientList. Remove(client);
        // 关闭客户端对象
        client. Close();
    }
    // 写串口
    private void WriteCom(String text)
    {
        com. Write(text, 0, text. Length);
    }
    // 写网络
    public void WriteNet(String text)
    {
        foreach (Object obj in clientList)
        {
            TcpClient client = (TcpClient)obj;
            NetworkStream ns = client. GetStream();
            if (ns. CanWrite)
            {
                byte[] buf = Encoding. ASCII. GetBytes(text);
                ns. Write(buf, 0, buf. Length);
            }
        }
    }
    // 串口监听线程函数
    private void Listen4Com()
    {
        // 打开串口
        com. Open();
        while (running)
        {
            int count = com. BytesToRead;   // 串口缓冲区中可读字节数

            if (count > 0)
            {
                byte[] buf = new byte[count];   // 接收缓冲区
                try
```

```
                    {
                        int n = com. Read(buf, 0, count);        //读串口
                        if (n > 0) // 如果接收到的字节数大于 0,则处理数据
                        {
                            // 转发到网络上去
                            // 将读到的字节数组转换为字符串
                            string text = Encoding. ASCII. GetString(buf, 0, n);
                            WriteNet(text);
                        }
                    }
                    catch (Exception e)
                    {
                        throw e;
                    }
                }
                Thread. Sleep(2);
            }
            // 关闭串口
            com. Close();
        }
    }
}
```

远程监控程序设计

1. 功能设计

◆ 在环境监控系统画面上实时显示 ZigBee 网络拓扑情况;

◆ 显示 ZigBee 网络各温湿度传感器所在结点的网络地址、温度、湿度;

◆ 可以选择结点以查看温度、湿度数据变化曲线;

◆ 当温度或湿度超过上下限值时进行报警,报警方式包括多媒体语音报警、声光报警、短信报警等多种可选形式;

◆ 将各结点温湿度数据和报警记录保存到数据库。

2. 软件设计

◆ 开发工具选用 Visual Studio 2008 并使用 C♯进行开发;

◆ 数据库选择熟悉的,如 SQL Server 2003、MySQL 等;

◆ 尽量使用 Visual Studio 原生控件,也可以考虑使用第三方的一些工控控件以构建更专业的 UI;

◆ 软件的主要任务是监听某个 Socket 端口,接收数据并进行显示、记录和报警。

6.4.3 结语

本系统是一个较为复杂的系统,该系统的设计与实现在处理器方面涉及到51单片机、ARM处理器,在操作系统方面涉及到嵌入式Linux、Windows,在编程语言方面涉及到C语言、C♯等,一般学生很难有足够的专业知识或足够的时间去单独完成整个系统的设计。所以,建议本设计最好作为一个团队设计选题,团队建议包括3个成员,分别完成ZigBee组网、嵌入式网关、远程监控程序的设计与开发。相信通过本系统的设计训练,会有效提高学生的开发能力和团队合作能力。

6.4.4 谢辞(略)

6.4.5 参考文献

[1] 张扬. 基于嵌入式Linux系统中网络通信研究与实现[J]. 辽宁大学学报(自然科学版)[J],2012年01期:58-60.

[2] 苏培华. 嵌入式操作系统的发展现状[J]. 电子世界,2012年06期:19-20.

[3] Sergio Scaglia. 嵌入式Internet TCP/IP基础、实现及应用[M]. 北京:北京航空航天大学出版社.

6.5 短距离无线通信系统设计实例——基于短距离无线通信的通用系统设计

6.5.1 引言

现代信息技术日益向高速化、智能化、信息化、网络化发展,各种各样的制造业和通信业设备除与计算机联机外,还可以互相联机。在工业、科学研究以及医疗设备中,出现了大量需要进行通信的设备,这些设备通信距离较近、数据量较小、不适合布线。比如自动抄表系统、酒店点菜系统以及现场数据采集系统等,其中有很多设备是可移动的,而且要求荷重小、便于携带。实现上述不同的功能要求,有不同的方案选择,但使用的通信设备均具备体积小、功耗低、成本低、使用方便等特点。与有线通信方式相比,无线通信具有一系列优点,特别适用于手持现场设备、电池供电设备、遥控遥测设备、水文气象监控设备、生物信号采集系统、工业数据采集系统、机器人控制系统、银行智能回单系统、小型无线网络、小型无线数据终端、无线抄表、门禁系统、无线标签身份识别、非接触RF智能卡以及无线232数据通信、无线485/422数据通信、无线数字语音和数字图像传输等。

由于市场需求巨大,近年来,短距离无线通信技术得到快速发展和应用,改变着人类生活的方方面面。

在毕业实习期间,本人接触到了大量的短距离无线通信应用案例,并参与实施了一部分工程项目,通过工程实践,加深了对无线短距离通信技术的认识,萌生了设计一套通用短距离无线通信系统的想法,希望能随时随地在数据传输场合得到应用,此想法得到实习公司和指导教师的大力支持,本人设计的无线系统具有高效的数据传输性能、较强的抗干扰性,能与上位机或数据采集终端快速连接,而无需再开发任何软件。

6.5.2 系统芯片选择

下面简单介绍一下本设计中使用的无线通信芯片。

1. nRF2401A 简介

nRF2401A 是 Nordic 北欧集成电路公司生产的单片射频收发芯片,工作于 2.4~2.5 GHz ISM 频段,芯片内置频率合成器、功率放大器、晶体振荡器和调制器等功能模块,输出功率和通信频道可通过程序进行配置。芯片能耗非常低,以 -5 dBm 的功率发射时,工作电流只有 10.5 mA,接收时工作电流只有 18 mA,多种低功率工作模式,节能设计更方便。其 DuoCeiverTM 技术使 nRF2401A 可以使用同一天线,同时接收两个不同频道的数据。nRF2401A 适用于多种无线通信的场合,如无线数据传输系统、无线鼠标、遥控开锁、遥控玩具等。

nRF2401A 采用 QFN24 引脚封装,外形尺寸只有 5×5 mm。

nRF2401A 的工作模式有四种:收发模式、配置模式、空闲模式和关机模式。nRF2401A 的工作模式由 PWR_UP 、CE、TX_EN 和 CS 等引脚决定。图 6-6、图 6-7 为nRF2401A 的实物图和原理图。

图 6-6 nRF2401A 实物图

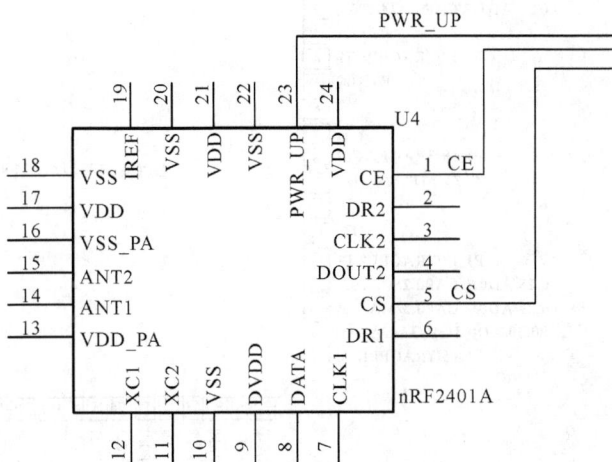

图 6-7 nRF2401A 原理图

2. LPC2148 简介

LPC2148 是一种支持实时仿真和嵌入式跟踪的 32 位 ARM7 TDMI - S CPU 的微控制器,带有 32KB 的 RAM 和 512KB 嵌入的高速 FLASH 存储器,USB 设备控制器内嵌于 CPU 芯片内部,这种集成的方式使 USB 设备控制器与 CPU 之间的数据交换可以稳定地达到很高的速度,从而提高了芯片的性价比。

LPC2148 是超小 LQFP64 封装,功耗很低,特别适用于访问控制和 POS 机等小型应用中。LPC2148 内置了宽范围的串行通信接口(从 USB 2.0 全速器件、多个 UART、SPI、SSP 到 I²C 总线)和8 KB 到 40 KB 的片内 SRAM,使它们非常适合于通信网关、协议转换器、软件 modem、语音识别、低端成像,为这些应用提供大规模的缓冲区和强大的处理功能。

此外,LPC2148 提供 8 KB 的片内 RAM,可通过 DMA 访问 USB,提供了与外部数据间的高速通道。图 6 - 8、图 6 - 9 为 LPC2148 的实物图和引脚分布图。

图 6 - 8 LPC2148 实物图

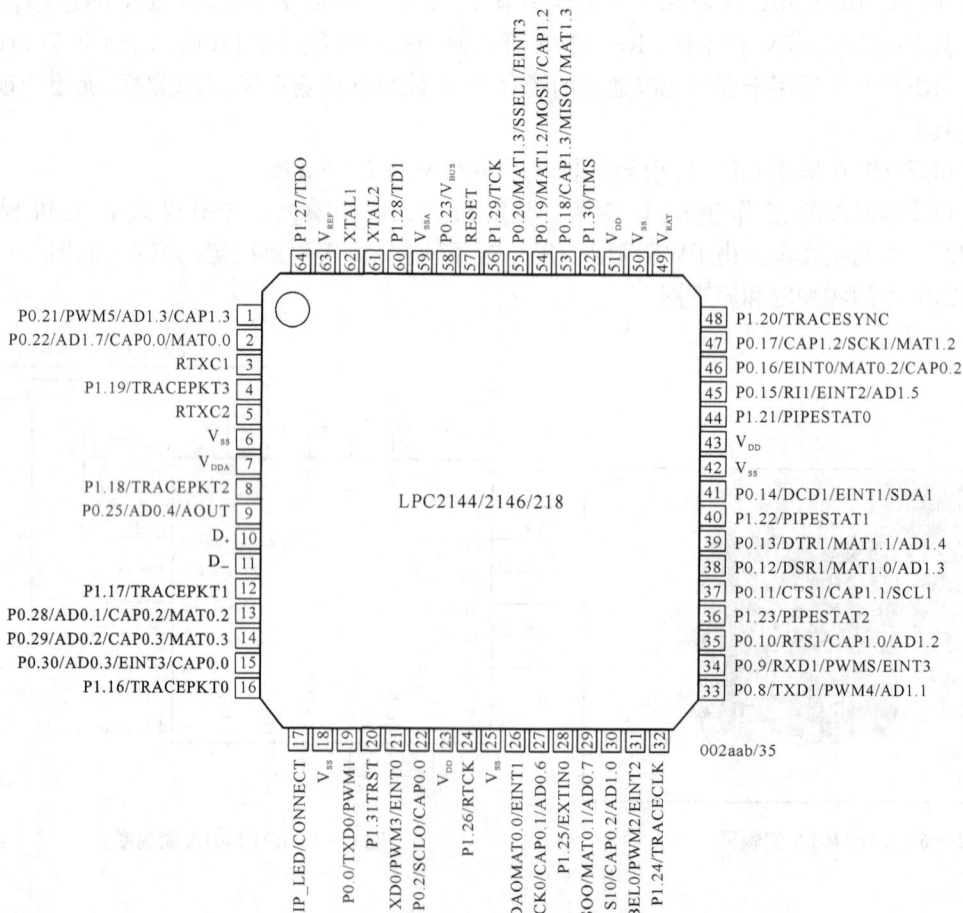

图 6 - 9 LPC2148 引脚分布图

3. ATmega8L 简介

美国 Atmel 公司推出的 ATmega8L 器件，它是基于增强的 AVR RISC 结构的低功耗 8 位 CMOS 微控制器，增强型 RISC 内载 Flash 的单片机，片上 Flash 内存附在用户产品中，可随时编程，易于用户产品设计，便于产品更新。ATmega8L 具有先进的指令集和单时钟周期指令执行时间，其数据吞吐率高达 1 MIPS/MHz，从而缓解系统在功耗和处理速度之间的矛盾。同时，ATmega8L 内部集成有增强 RISC 8 位 CPU 与在线系统编程和应用编程的 Flash 内存，使其成为功能强大的单片机，由于采用了小引脚封装（为 DIP28 和 TQFP/MLF），所以其价格仅与低档单片机相当，为许多嵌入式控制应用提供了灵活且低成本的解决方案，成为具有极高性价比、深受广大用户喜爱的单片机。ATmega8L 具有以下特点：

- 内置了 8K 字节的在线编程/应用编程(ISP/IAP)FLASH 程序存储器，512 字节的 EEPROM，1K 字节的 SRAM；
- 内置了 32 个通用工作寄存器，23 个通用 I/O 口；
- 集成了 3 个定时器/计数器，18+2 个内外中断源，1 个可编程的 USART 接口，1 个 8 位 I²C 总线接口，4 通道的 10 位 ADC，2 通道 8 位 ADC，可编程的看门狗定时器，1 个 SPI 接口；
- 拥有 5 种可通过软件选择的节电模式。

图 6-10、图 6-11 为 ATmega8L 的实物图和引脚分布图。

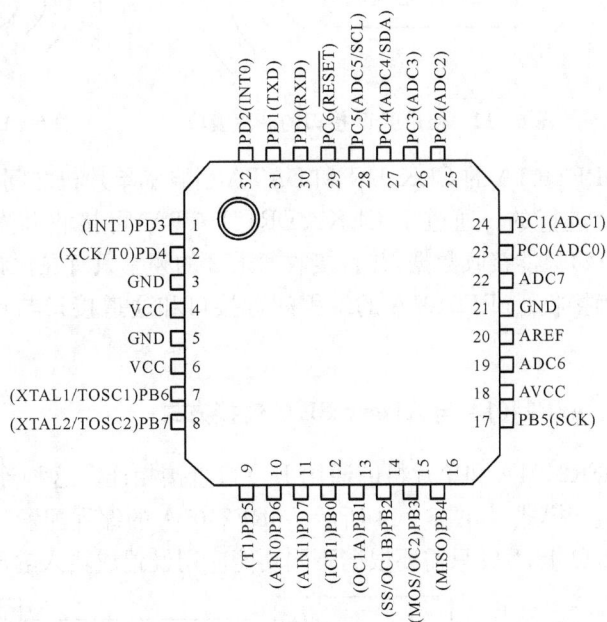

图 6-10　ATmega8L 实物图　　　　图 6-11　ATmega8L 引脚分布图

6.5.3　硬件设计方案

本方案使用 nRF2401A 芯片作为收发系统模块的无线通信芯片。设计了 USB、通用串口两种上位机接口,以方便与各种数据终端或 PC 机连接。

对于 USB 接口方式,一般与无线发射模块通信的上位机是 PC 机,使用 USB 的通信方式,可提高设备连接的方便性,并可实现获得比 PC 机串口更快的通信速度,同时便于笔记本电脑用于现场临时性的数据传输,芯片使用 NXP 公司的 ARM7 系列带有 USB 功能的 LPC2148。

对于串口连接方式,基于尺寸和成本的要求,使用 AVR 系列单片机 ATmega8L 连接nRF2401A 芯片,通过 ATmega8L 提供的串口与各种串口数据终端连接,如各种串口的摄像头、红外接收仪等。

无论是哪种接口方式,其数据流向在芯片中是一致的,实际应用中,可根据不同设备接口选择两种模块。图 6 - 12、图 6 - 13 为两种接口方式下的芯片数据流图。

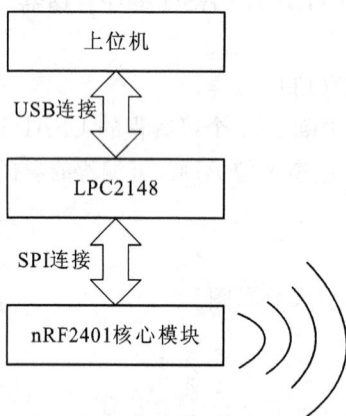

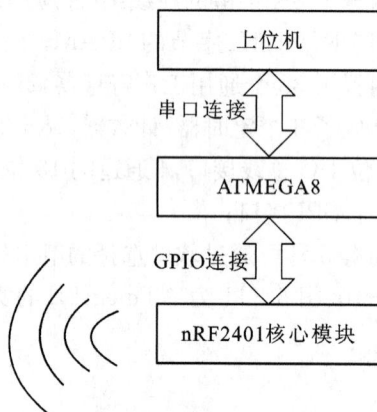

图 6 - 12　使用 USB 接口的芯片模块　　　图 6 - 13　使用串口的芯片模块

nRF2401A 的 CLK、DR 和 DATA 引脚和单片机之间的数据交换传输是通过通道 1 和通道 2 进行的。通道 1(CLK1、DR1、DATA)可接收和发送数据,通道 2(CLK2、DR2 和DOUT2)只能接收数据,并且接收通道 2 的频率只有在比频道 1 高 8 MHz 的情况下才能保证正确接收。nRF2401A 的编程配置接口和通道接口与单片机功能引脚之间有 2 种连接方式。

1. nFR2401A 与 ATmega8L 的连接方式

nFR2401A 和单片机的通用 I/O 口直接相连。这种连接既可工作在突发模式,也可工作在直接模式,如图 6 - 14 所示。nRF2401A 的编程配置口、通道 1、通道 2 直接连到单片机通用 I/O 上,I/O 只需要根据不同功能应用设置成输入输出即可。

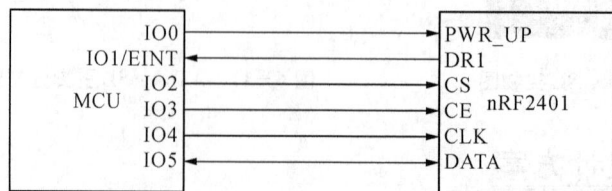

图 6 - 14　nRF2401A 与 ATmega8 通用 I/O 直接相连

2. nFR2401A 与 LPC2148 的连接方式

nFR2401A 和单片机的
SPI 功能引脚相连。这种连接
只能工作在突发模式,如图
6-15所示。nRF2401A 两个通
道各有一个数据传输引脚 DA-
TA,而 SPI 有两个数据引脚,
一个是用于输出的 MOSI,一个

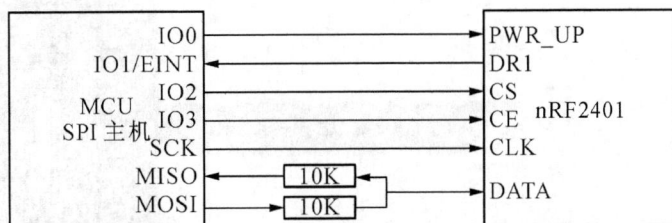

图 6-15　nRF2401A 与 LPC2148 的 SPI 引脚相连

是用于输入的 MISO。单片机可以在同一条 SPI 总线上与多个 SPI 从设备同时通信,为了
防止单片机和其他从设备 SPI 通信时出现问题,nRF2401A 的 DATA 要通过两个 10K 的电
阻和 SPI 的 MOSI、MISO 相连。SPI 连接方式可以充分发挥 SPI 接口的高效以及
nRF2401A 高速无线传输的优势,具有庞大的数据吞吐量,CPU 发送数据只要将要发送的
数据写入 SPI 缓存即可。

6.5.4　电路原理图设计与绘制

首先根据 nRF2401A 的 datasheet 设计了 nRF2401A 核心模块电路,nRF2401A 的模块
原理图如图 6-16(a)所示,引出了 nRF2401A 的编程配置接口、通道1、通道2 和电源接口,
图 6-16(b)为制作完成的实物图。

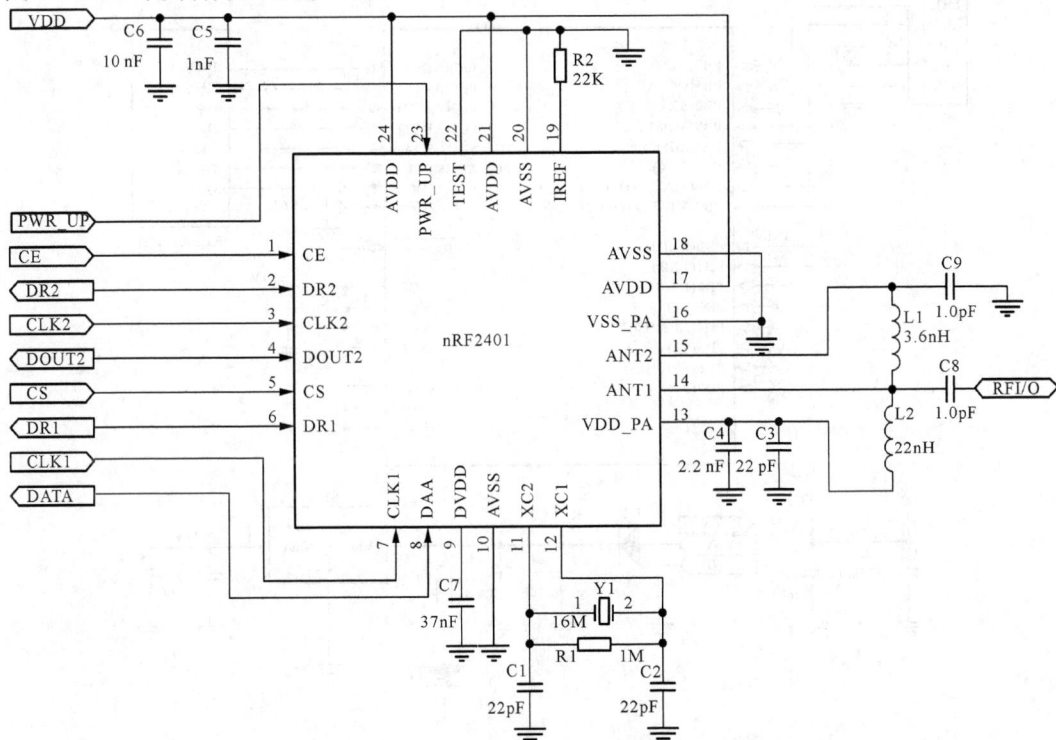

图 6-16(a)　nRF2401A 核心模块原理图

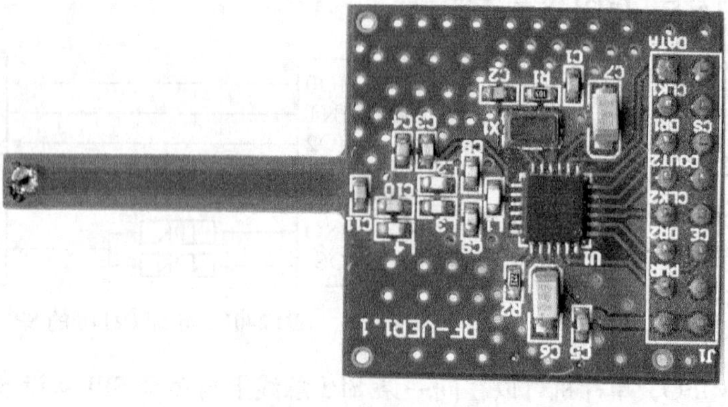

图 6－16(b)　制作完成 nRF2401A 核心模块实物图

对于串口方式,无线接收模块用 ATmega8L 单片机通用 I/O 连接 nRF2401A 通道 1。由于 nRF2401A 的供电是＋3.3 V,数据引脚的高电平也是＋3.3 V 表征,ATmega 8L 是＋5 V 供电,通用 I/O 高电平也就是＋5V 表征。解决两者之间高电平表征差异可以有两种方案:方案一是 ATmega 8L 的通用 I/O 和 nRF2401A 之间连接一个电平转换芯片;方案二是使用 AT-mega 8 的低压供电单片机 ATmega 8L,供电范围是＋2.7 V~＋5.5 V。基于简单易用的原则,无线接收模块使用方案二。另外在该模块上加了 TTL 电平和 RS232 电平的转换模块,使用了 MAX232 芯片,为满足系统＋3.3 V 的供电要求,模块使用 AMS1117 稳压芯片,外加一些滤波电容。串口无线接收模块电路图如图 6－17(a)所示,实物图如图6－17(b)所示。

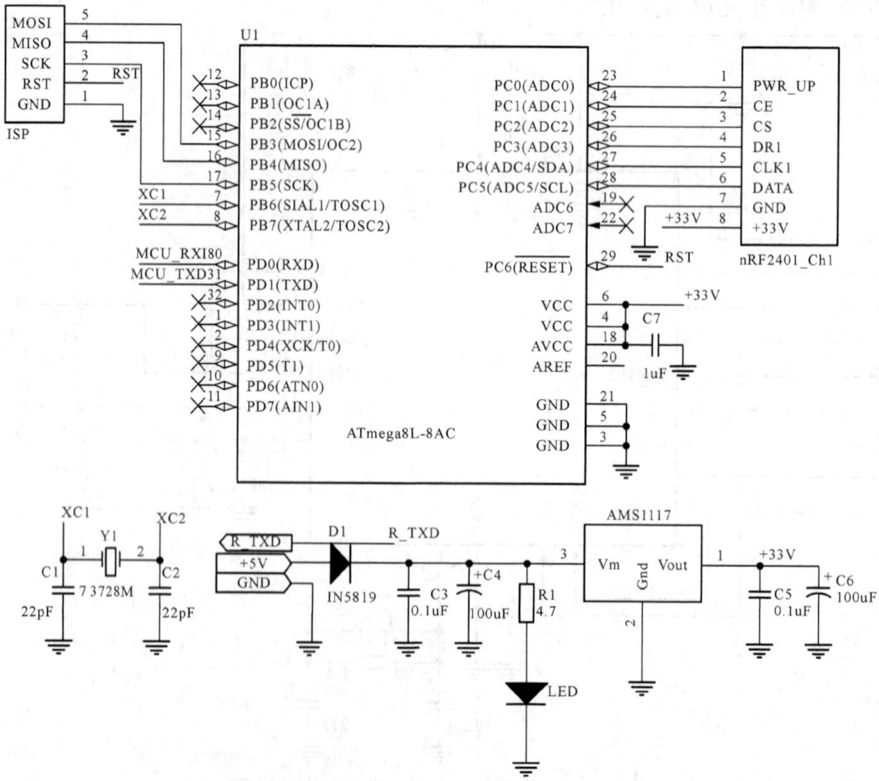

图 6－17(a)　串口无线接收模块电路图

图 6 - 17(b)　串口无线接收模块实物图

　　无线接收模块由单片机 ATmega8L 模块和 nRF2401A 核心模块通过 nRF2401A 的编程配置口和通道 1 集成在一起。PC0、PC1、PC2 分别连接 PWR_UP、CE、CS。PC3、PC4、PC5 分别连到 DR1、CLK1、DATA。电路时钟使用 7.3728MHz 的外部晶振。无线接收模块通过 R_TXD、+5V、GND 三排针接口连接到接收控制板上。

　　对于 USB 接口模式，使用 LPC2148 与 nRF2401A 硬件接口连接，首先设计 LPC2148 芯片核心电路，原理图如图 6 - 18(a)所示，实物图如图 6 - 18(b)所示。

　　LPC2148 有一个 SPI 接口，一个 SSP 控制器，其中 SPI 接口是完全符合 SPI 规范的接口，SSP 控制器是一个可以兼容 SPI、SSI 和 Microwire 总线的接口，可以根据应用灵活进行配置，在发射系统中把它配置成 SPI 来使用。发射模块使用 LPC2148 的两个 SPI 功能接口分别连接两个 nRF2401A 模块，为系统以后扩展需要留下空间和准备。LPC2148 在 SPI 通信中作为主机，nRF2401A 作为从机，为满足这一要求，LPC2148

图 6 - 18(b)　LPC2148 核心电路实物图

的 P0.07SSEL 引脚需要连接 10K 的上拉电阻。此外，LPC2148 的 P0.06MOSI 和 P0.05MISO 通过两个 10K 电阻连 nRF2401A 模块 1 的 DATA，P0.08、P0.09、P0.10、P0.04 作为 LPC2148 的通用 I/O 口连接 nRF2410 模块 1 的 PWR_UP、CE、CS、CLK，P0.16 作为 LPC2148 的外部中断 1 连接 nRF2401A 模块 1 的通道 1 中断输出。

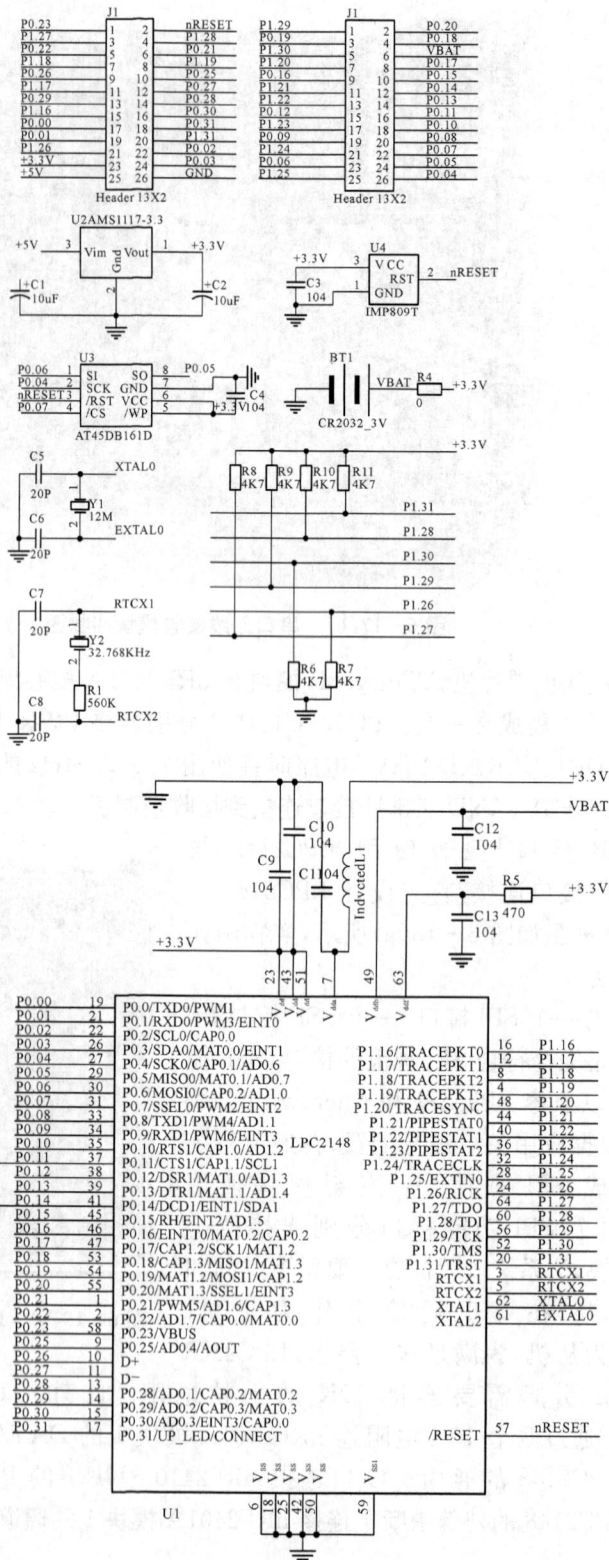

图 6－18(a)　LPC2148 核心原理图

LPC2148 的 SSP 控制器 P0.19、P0.18 通过两个 10K 电阻连 nRF2401A 模块 2 的DATA，P0.15、P0.12、P0.13、P0.17 作为 LPC2148 的通用 I/O 口连接 nRF2410 模块 2 的 PWR_UP、CE、CS、CLK，P0.03 作为 LPC2148 的外部中断 2 连接 nRF2401A 模块 2 的通道 1 中断输出。原理图如图 6-19(a)所示，实物图如图 6-19(b)所示。

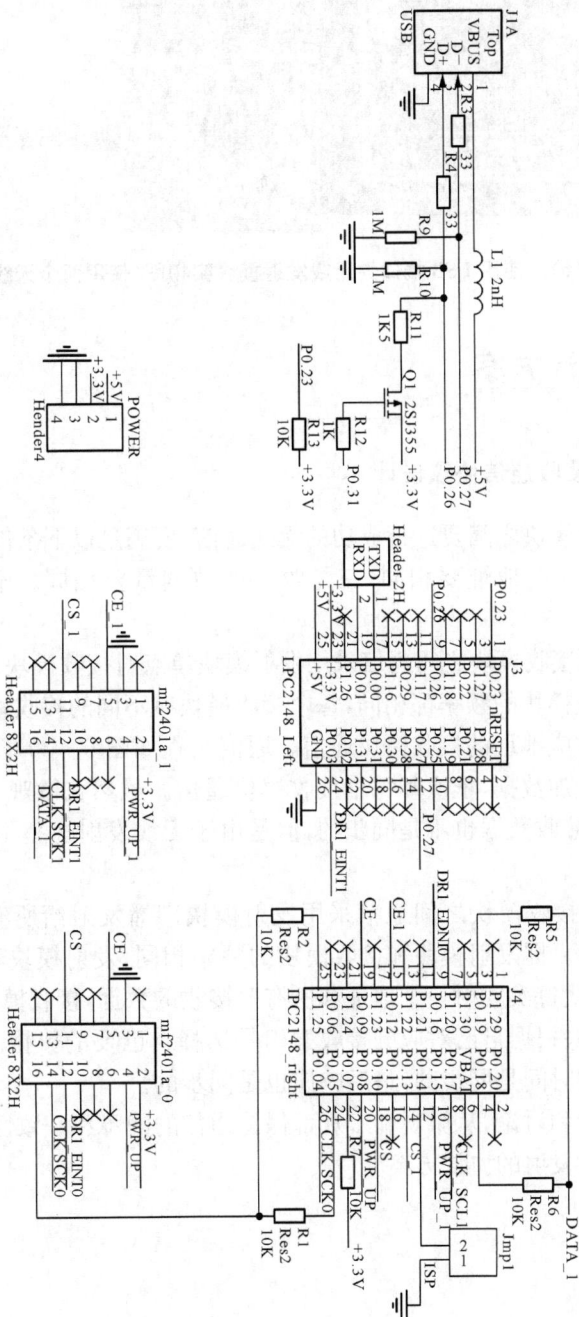

图 6-19(a)　USB 无线发射模块原理图

图 6 - 19(b)　使用 USB 端口的无线发射模块实物图（使用两个天线，双通道）

6.5.5　软件设计方案

1. 无线发射和接收通信协议设计

nRF2401A 收发模块之间要进行成功的无线通信，要满足以下条件：一是收发模块频率要匹配；二是收发模块的地址要相同；三是收发的数据量要相同。本文研究了两种协议方案：

（1）发射模块和接收模块之间通信采用发射模块单点对接收模块多点的通信方式。即发射模块和每个接收模块的频率都相同，每个接收模块有不同的接收地址，发射模块通过不停改变地址来和相对应地址的接收模块通信。通信过程如图 6 - 20 所示，发射模块发射不同的接收模块的地址加数据，依次和每个接收模块通信。虽然在微观上发射给每个接收模块数据时间有先后，接收数据也不是同步的，但是由于无线发射速率很快，从宏观上看接收模块还是同步响应的。

（2）发射模块和接收模块之间通信采用发射模块广播发射给所有接收模块的通信方式。如图 6 - 21 所示。即发射模块和接收模块的频率相同，发射模块和所有接收模块都只有一个地址，发射模块每次发射一个地址和所有要接收的数据，接收模块把所有数据全部接收下来，每个接收模块根据自己对应的接收索引号选择自己要的数据。这样在微观上所有接收模块接收数据的时间是同步的，最后响应也是同步的。

根据以上的分析和讨论，从微观和宏观都保持通信的同步和一致性上考虑，本无线通信协议采用第二种广播发射的协议方案。

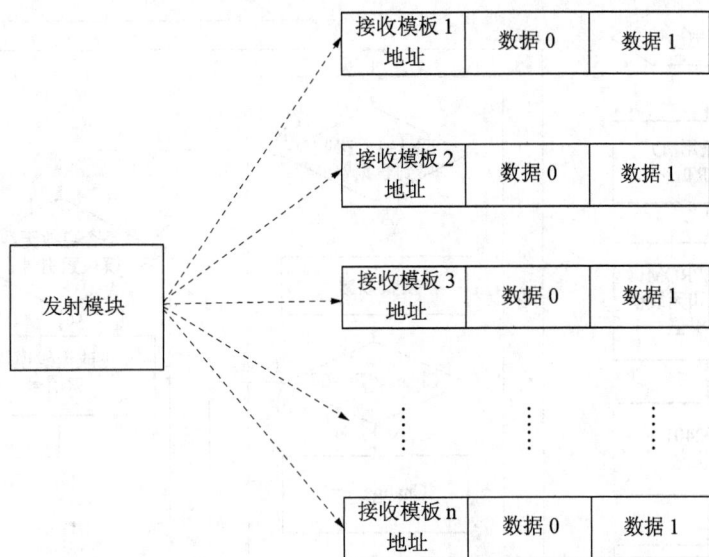

图 6–20 发射模块和接收模块采用点对点的通信协议

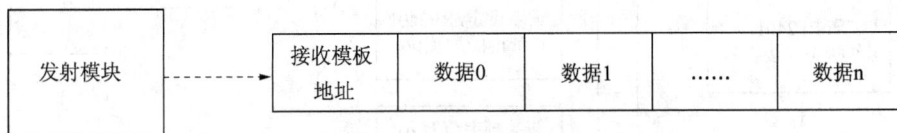

图 6–21 发射模块和接收模块采用广播发射的通信协议

2. 无线接收模块程序设计

无线接收模块加电后,程序首先完成初始化通用 I/O、USART 等工作,接下来就是从 EEPROM 的 0x00 和 0x01 地址处分别读取通信频率值和无线模块索引号值,置 nRF2401A 待机状态。然后是设定 nRF2401A 120 bits 的配置位,设置 nRF2401A 进入工作状态接收模式,程序进入无限循环,通过查询方式监测数据到来时指示引脚 DR1 电平变化,等待接收数据,DR1 为高电平时接收数据,根据不同的数据标志完成更改无线模块频率、索引号以及发给接收模块串口等工作。其程序流程图如图 6–22 所示。

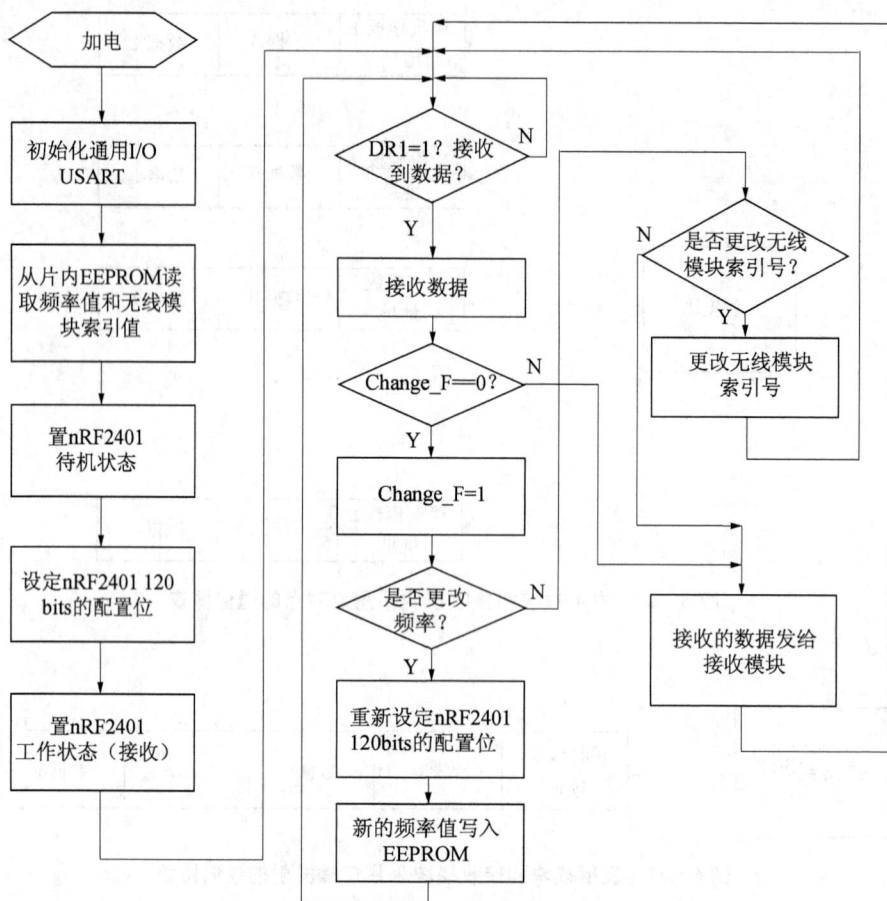

图 6-22　无线接收模块的程序流程图

接收代码如下：

```
void receive_data(void)
{
    unsigned char i;
    while((PINC&(1<<DR1))==0);
    for(i=0;i<6;i++)
    {
        rxbuf[i]=nrf2401A_RD();
    }
    if(ischangeflag==0) //修改接收号标志
    {
    ischanggeflag=1;
    if(rxbuf[0]=='R' &&rxbuf[1]=='o' && rxbuf[2]=='t' && rxbuf[3]==
'F' && rxbuf[4]=='Q')
    {
```

```
        EEPROMwrite(0x00,rxbuf[5]);
        transmit_120bit();
    }
    else if(rxbuf[0]=='R' && rxbuf[1]=='o' && rxbuf[2]=='t' && rxbuf[3]
==='I' && rxbuf[4]=='x')
    {
        EEPROMwrite(0x01,rxbuf[5]);
        robot_no=rxbuf[5];
    }
    else
    {
    for(i=0;i<3;i++)
    {
        putchar(rxbuf[robot_no]);
        putchar(rxbuf[robot_no+1]);
        delay_ms(25);
    }
    }
    }
}
```

3. 无线发射模块程序设计

当发射模块收到数据后,下一步就是无线发射模块和无线接收模块之间的通信。发射模块加电后,程序先后完成初始化通用 I/O、SPI、SSP 控制器,从片内 FLASH 第 5 号扇区读取通信频率值,在设定 nRF2401A 120bits 的配置值后,置 nRF2401A 进入工作状态等待发射数据,接下来初始化 USB 控制器并测试,初始化成功后等待 USB 数据传输,不成功则退出程序。初始化 USB 控制器成功后程序进入无限循环,等待上位机程序发给 USB 控制器的数据后通过 nRF2401A 发射出去。上位机和 USB 之间的数据传输在 USB 中断程序中完成。在 nRF2401A 发射数据期间为了避免 USB 干扰,USB 中断服务程序响应要关闭,待发射完毕后再打开中断响应。此外,无线发射模块程序还实现了更改发射模块频率和读取模块频率的功能。程序流程如图 6 - 23 所示。

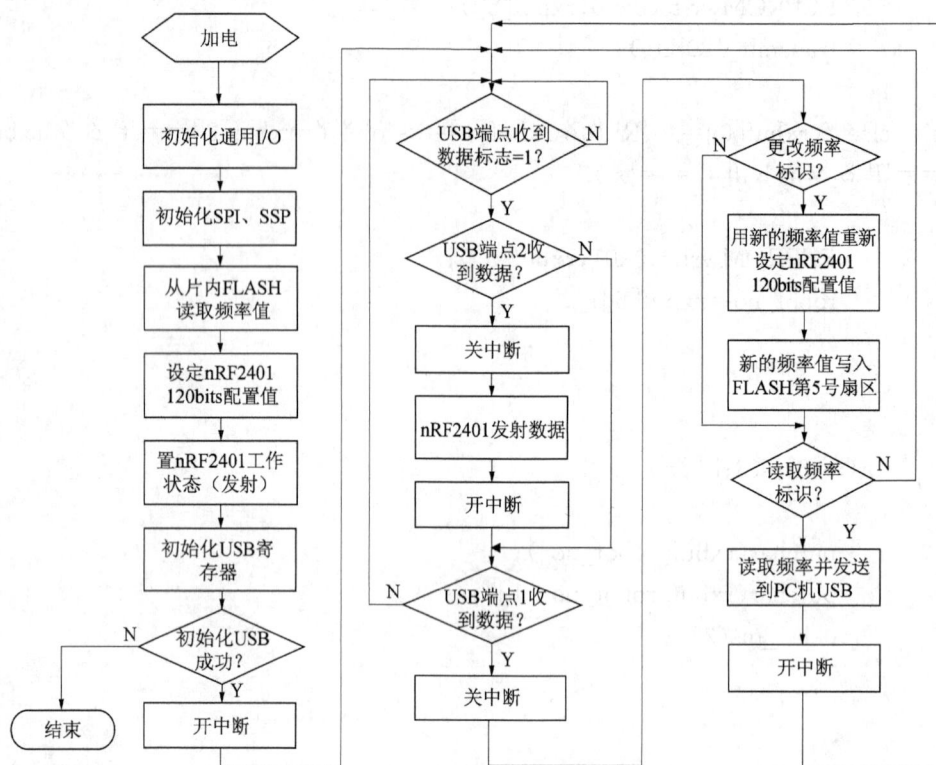

图 6‑23　发射模块程序流程图

附主要程序代码：

```
int main(void)
{
    INT&U err;
    uint& * p;
    uint32 testdata[512];
    uint32 i;
    spi_masterinit(); //spi 出初始化
    port_init();
    p＝(uint8 *)0x5000; //频率存放地址
    config_mode();
    DeylayNS(5);
    spi_transmit120bit( * p); //配置无线模块
    100CLR ｜＝(l＜＜CS); //下降沿执行配置
    DelayNS(10); //初始化 USB 控制器
    err＝USB_Initialize();
    If(err! ＝0)
        while(1); //初始化失败,程序停止执行
```

```
Init_USBInterrupt();
IRQEnable(); //允许 CPU 的 IRQ 中断
/ ********************* 主函数是一个无限循环结构 *********************
** /
while(1)
{
usbserve(); //处理 USB 事件,如 USB 控制传输,USB 总线复位等等
if(bEPPflags. bits. configuration==1)
    {                    //逻辑断点1收到数据
    if(bEPPflags. bits. ep2_rxdone ==1)
    {
        DISABLE();
        bEPPflags. bits. ep2_rxdone=0;
        100SET=(1<<CE)';
        send_data(EpBuf);
        100CLR l=(l<<CE);
        ENABLE();
    }
    if(bEPPflags. bits. ep1_rxdone ==1) //逻辑端点1收到数据修改和读取发
射器频率
    {
        DISABLE();
        bEPPflags. bits. ep1_rxdone=0; //清除逻辑端点1收到数据标志
        if(GenEpBuf[0]==)xE8) //接收 0xe8 更改发射器频率
    {
        config_mode();
        DelayNS(5);
        Spi_transmit120bit(GenEpBuf[1]);
        100CLR |=(1<<CS); //下降沿执行配置
        DelayNS(10);
        IAP_Entry=(void( * )())IAP_ENTER_ADR;
        for(i=0;i<512;i++)
        {
        testdata[i]=GenEpbuf[1];
        }
        SelSector(5,5);
        EraseSector(5,5);
        SelSector(5,5);
        RamToFlash(0x00005000,(uint32)testdata,512);
```

```
        }
        else if(GenEpBuf[0]==0xE2) //读取频率
        {
        USB_WriteEndpoint(3,1,p);
        }
        ENABLE();
      }
    }
  }
  return 0;
}
```

上位机截图如图 6 - 24 所示：

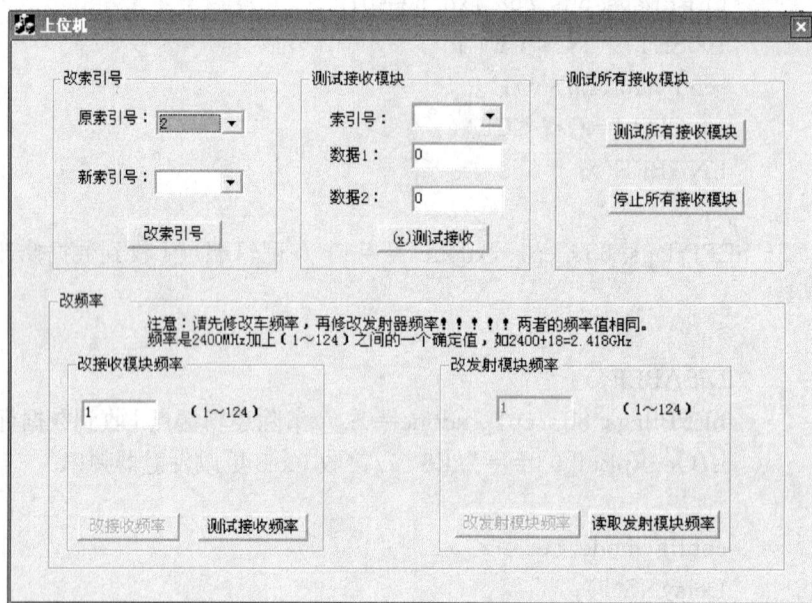

图 6 - 24　上位机截图

所有程序均在附件中，具体清单见表 6 - 1 所示。

表 6 - 1　系统设计软件目录清单

目　录	功　　能
ATmega8_nRF2401a_rec	ATmega8 连接 nRF2401a 的下位机程序，控制无线收发和串口收发
LPC2148_nRF2401A	IPC2148 连接 nRF2401a 的下位机程序，控制无线收发和 USB 收发
testrs232	是 PC 端上位机程序，控制串口收发
usbtransrecv	是 PC 端上位机程序，通过 USB 发送数据，接收 USB 数据并显示

6.5.6　实践心得

1. PCB 设计

PCB 设计对 nRF2401A 的整体性能影响很大。由于设计线路板的面积要求,PCB 设计成为 nRF2401A 收发系统的开发过程中的主要工作之一,在 PCB 设计时,必须考虑到各种电磁干扰,注意调整电阻、电容和电感的位置,特别要注意电容的位置。在第一版的设计中,就出现了抗干扰能力差的问题,后通过调整有关元器件的位置,有效地改善了系统的抗干扰能力。

nRF2401A 的 PCB 一般都是双层板,底层一般不放置元件,底层、顶层的空余地方一般都敷上铜,这些敷铜通过过孔与底层的地相连。直流电源及电源滤波电容尽量靠近 VDD 引脚。nRF2401A 的供电电源应通过电容隔开,这样有利于给 nRF2401A 提供稳定的电源。在 PCB 中,尽量多打一些通孔,使顶层和底层的地能够充分接触。

2. 电路焊接问题

线路板经工厂加工回来后,首先要用万用表测试焊盘等是否按设计图纸连接好,检查通过后,焊接最小系统,然后测试,做到边焊接边测试,保证焊接过程不出问题。

对于微小的元器件或集成电路的焊接,有效的控制焊接温度是最重要的,过高温度可能烧坏元器件,温度过低,又可能形成虚焊,影响电路功能。改善的办法一是使用恒温焊接,二是不断总结焊接各种元器件的温度,防止虚焊。

所有元件全部焊接完成后,用洗板水洗掉板上的松香等助焊剂,洗好后再次用万用表测试是否存在短路等问题。完成这些步骤后,就可以上电了。

6.5.7　结束语

本方案中的短距离无线通信模块实现了与 USB、RS232 的不同的上位机接口的连接,发射模块和接收模块之间采用广播发射的协议,实现了 PC 机与数据采集端多种方式的数据通信,取得了优良效果,同时由于该通信模块设计的独立性,可以广泛使用在与数据采集端和 PC 控制端交流的应用场合,具有通用性强、功耗低、成本低等特点。

6.5.8　谢辞(略)

6.5.9　参考文献

[1] 李玉虹编著. ASP 动态网页设计能力教程(第二版)[M]. 北京:中国铁道出版社,2011.

[2] 吴鹏编著. ASP 程序设计教程与实训[M]. 北京:北京大学出版社,2006.

[3] 李付松. 短距离无线通信系统设计[D]. 常州纺织服装职业技术学院,2011.

第7章

电子商务网站设计
（多媒体技术专业）

21世纪以来，人们的生活发生了日新月异的变化，网络对人们的影响越来越大，由于WEB页面能够把文本、图片、声音、动画、视频等多种媒体信息集中为一体，不但能使信息的显示更加生动，而且信息的浏览也更加方便，同时WEB能够实现网上交易平台、客户信息的反馈，方便了企业与客户之间的交流，因此，许多企业纷纷建立电子商务网站。电子商务网站作为一种重要商业运营手段，对于企业起着重要作用，其网站类型主要分为信息发布型、网上销售型、综合性电子型等。

7.1 电子商务网站设计一般流程

一般一个电子商务网站不会由一个人单独完成，这就形成了网站开发团队中的不同角色。所以，网站开发人员一般需要明白自己的角色，完成开发中一个环节或一个特定专业领域的任务即可。一般网站开发项目流程如下：

（1）需求分析。业务员与客户进行沟通，了解客户需求，并提出专业意见。

（2）探讨分析。项目部组织召开项目分析会，针对客户的具体需求展开分析，确定网站的初步架构。

（3）提供建设方案。经过细致的分析和总结，为客户提供网站建设方案，供客户参考和选择。

（4）签定协议。根据双方确认的《网站建设方案》，与客户签订项目协议。

（5）组建项目小组。组建项目小组，与客户进行深层次的沟通，协商确定项目进度表。

（6）前台页面设计。依照《网站建设方案》，项目小组展开平面和动画的设计工作，由项目经理全程监督跟进，以确保网站建设进度。设计的网站页面效果图需得到客户的签字认可。

（7）技术合成。平面和动画的设计工作完成后，由客户签字确认，然后交由技术部进行程序开发和技术合成。

（8）上传测试。生成网页后，上传主机运行，双方检查测试。

（9）网站推广。网站开通后，根据市场状况，提出网站推广方案，帮助网站迅速提高浏览率，实现网络营销功能。

(10) 培训和维护。为客户提供专业的网站使用培训和完善的维护更新服务,解决客户后顾之忧。定期回访客户,及时了解市场变化,为客户提供相关咨询和建议。

网站开发具体流程如图 7-1 所示:

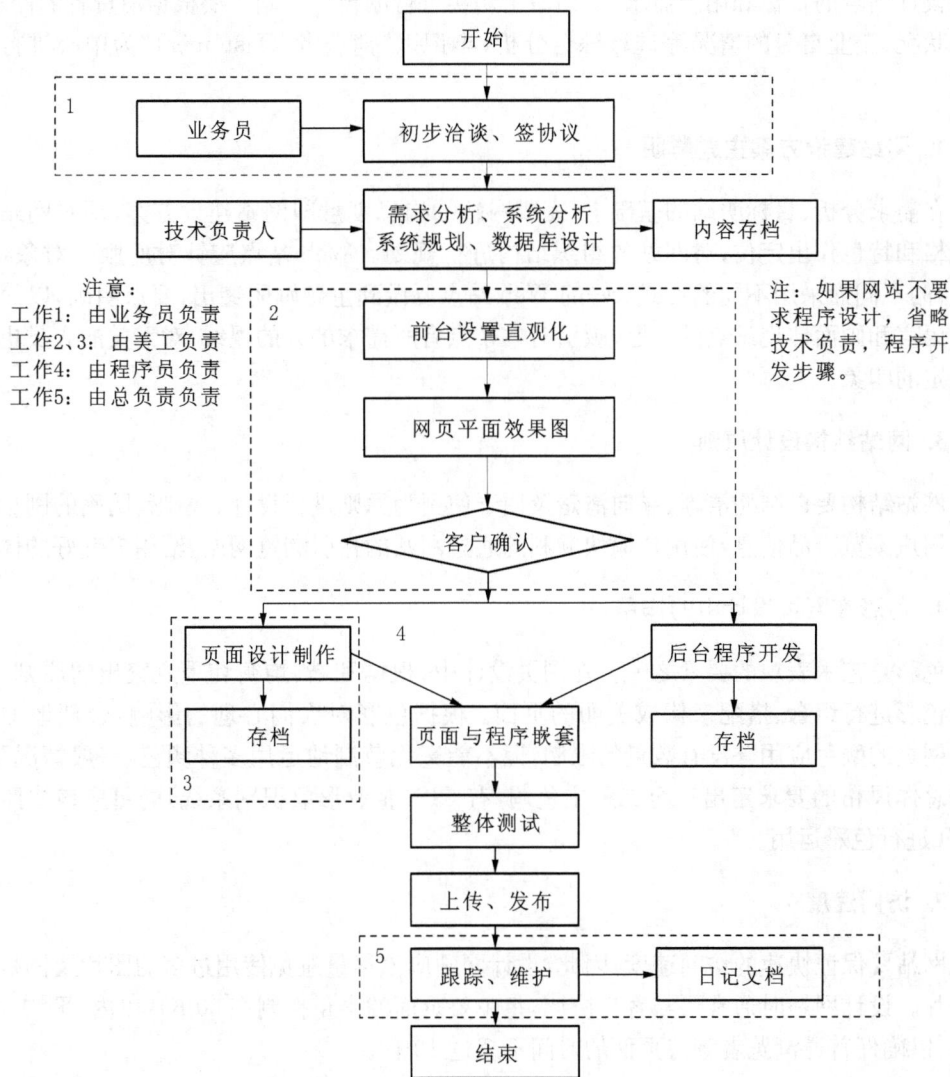

图 7-1 电子商务网站开发流程图

```
                        ┌────────┐
                        │  开始  │
                        └────────┘
      ┌─ 1 ──────────────────────────────────────┐
      │  ┌────────┐      ┌──────────────────┐    │
      │  │ 业务员 │─────→│ 初步洽谈、签协议 │    │
      │  └────────┘      └──────────────────┘    │
      └──────────────────────────────────────────┘
         ┌──────────┐    ┌──────────────────┐     ┌────────┐
         │ 技术负责人│───→│ 需求分析、系统分析 │───→│内容存档│
         └──────────┘    │ 系统规划、数据库设计│     └────────┘
                         └──────────────────┘
  注意:                  ┌─ 2 ─────────────────┐      注:如果网站不要
  工作1: 由业务员负责     │  ┌──────────────┐   │      求程序设计,省略
  工作2、3: 由美工负责    │  │ 前台设置直观化 │   │      技术负责,程序开
  工作4: 由程序员负责     │  └──────────────┘   │      发步骤。
  工作5: 由总负责负责     │  ┌──────────────┐   │
                         │  │ 网页平面效果图 │   │
                         │  └──────────────┘   │
                         │     ◇ 客户确认 ◇    │
                         └─────────────────────┘
  ┌─────────────┐                      ┌─────────────┐
  │┌──────────┐ │   ┌──────────────┐   │┌──────────┐ │
  ││页面设计制作│ 4 │ 后台程序开发 │   ││          │ │
  │└──────────┘ │   └──────────────┘   │└──────────┘ │
  │┌──────────┐ │   ┌──────────────┐   │┌──────────┐ │
  ││  存档    │ │   │页面与程序嵌套│   ││  存档    │ │
  │└──────────┘ │   └──────────────┘   │└──────────┘ │
  └─ 3 ─────────┘   ┌──────────────┐
                    │  整体测试    │
                    └──────────────┘
                    ┌──────────────┐
                    │ 上传、发布    │
                    └──────────────┘
      ┌─ 5 ────────────────────────────────────┐
      │  ┌──────────────┐    ┌──────────┐      │
      │  │ 跟踪、维护    │───→│ 日记文档 │      │
      │  └──────────────┘    └──────────┘      │
      └────────────────────────────────────────┘
                    ┌──────────────┐
                    │   结束       │
                    └──────────────┘
```

7.2 电子商务网站设计一般原则

当业务员与客户签署了网站开发协议后,作为网站技术人员,要进行网站的设计开发工作,在设计网站的过程中要注意以下设计原则:

1. 系统需求分析

Web 站点是展现企业形象、介绍产品和服务、体现企业发展战略的重要途径,因此必须明确设计站点的目标和用户需求,从而做出切实可行的设计计划。要根据消费者的需求、市场的状况、企业自身的情况等进行综合分析,牢记以"消费者(Customer)"为中心进行设计规划。

2. 网站建设方案主题鲜明

在需求分析、目标明确的基础上,完成网站的构思创意即网站建设方案,即对网站的整体风格和特色作出定位,对网站的组织结构进行规划。Web 站点应针对所服务对象(机构或人)的不同而采用不同的形式。好的 Web 站点要做到主题鲜明突出,要点明确,以简单明确的语言和画面体现站点的主题,吸引对本站点有所需求的人的视线,对无关的人员也能留下一定的印象。

3. 网站结构设计原则

网站结构要以结构清晰、导向清楚及便于使用为原则进行设计。清晰、明确的网页导航便于用户浏览产品信息,使用户愉快顺利的通过网站的指引浏览网站,给用户良好的体验。

4. 色彩在网页设计中的作用。

色彩是艺术表现的要素之一。在网页设计中,根据和谐、均衡和重点突出的原则,将不同的色彩进行组合、搭配来构成美丽的页面。根据色彩对人们心理的影响,合理地加以运用。网页的颜色应用并没有数量的限制,但不能毫无节制地运用多种颜色,一般情况下,先根据总体风格的要求定出一至二种主色调,有 CIS(企业形象识别系统)的更应该按照其中的 VI 进行色彩运用。

5. 访问速度

网站要保证快速的访问速度,因此,设计网站应该尽量避免使用过多的图片及体积过大的图片。设计网站时通常要与客户协调,将主要页面的容量控制在 50 KB 以内,平均 30 KB 左右,以确保普通浏览者等待页面的时间不超过 10 秒。

6. 多媒体功能的利用

网络资源的优势之一是多媒体功能。要吸引浏览者的眼球,页面的内容可以用三维动画、FLASH 等来表现。但要注意,由于网络带宽的限制,在使用多媒体的形式表现网页的内容时应考虑客户端的传输速度。

7. 网站信息的及时更新

企业 Web 站点建立后,要不断更新内容。站点信息的不断更新,可以让用户更好地了解企业的发展动态,同时也会帮助企业建立良好的形象。Web 页的一个重要特色就是互动,电子商务网站的设计制作,要留有互动的空间和合适的页面设置,使访问者不但可以浏览,还可以参与进来并得到一定的响应,从而方便企业和客户之间建立亲密联系。

7.3　电子商务网站设计常用技术

电子商务网站设计过程中所涉及的技术是极为广泛的,例如应用服务器、网络安全与网络管理、电子商务交易与支付等等。本章节主要介绍电子商务网站设计中的软件技术,包括静态网页设计语言、动态网页设计语言及常用的数据库和网页开发工具等。

7.3.1　电子商务网站设计语言

静态网页设计语言

1. HTML

HTML(HyperTextMark-upLanguage)即超文本标记语言,是 WWW 的描述语言。HTML 文本是由 HTML 命令组成的描述性文本,HTML 命令可以说明文字、图形、动画、声音、表格、链接等。HTML 是网络的通用语言,它允许网页制作者建立文本与图片相结合的复杂页面,这些页面可以被网上任何人浏览到,无论使用的是什么类型的电脑或浏览器。

2. DHTML

DHTML 是 Dynamic HTML 的简称,就是动态的 HTML,是相对传统的静态的 HT-ML 而言的一种制作网页的概念。所谓动态 HTML(Dynamic HTML,简称 DHTML),其实并不是一门新的语言,它只是 HTML、CSS 和客户端脚本的一种集成,即一个页面中包括 HTML+CSS+JAVASCRIPT(或其他客户端脚本),其中 CSS 和客户端脚本是直接在页面上写,而不是链接上相关文件。DHTML 不是一种技术、标准或规范,只是一种将目前已有的网页技术、语言标准整合运用,制作出能在下载后仍然能实时变换页面元素效果的网页设计概念。

3. XML

XML (eXtensible Markup Language)意为可扩展的标记语言。与 HTML 相似,XML 是一种显示数据的标记语言,它能使数据通过网络无障碍地进行传输,并显示在用户的浏览器上。XML 是一套定义语义标记的规则,这些标记将文档分成许多部件并对这些部件加以标识。简单来说 XML 是一种半结构化的数据库描述语言,它可以描述任何数据结构。有了 XML,应用程序不仅可以共享数据,还可以调用其他应用程序的功能,而不考虑其他应用程序是如何生成的。

动态网页设计语言

1. ASP 语言

ASP 是 Active Server Page 的缩写,意为"动态服务器页面"。ASP 是微软公司开发的代替 CGI 脚本程序的一种应用,它可以与数据库和其他程序进行交互,是一种简单、方便的编程工具。ASP 的网页文件的格式是. asp。现在常用于各种动态网站中。

2. PHP 语言

PHP 是超文本预处理语言 Hypertext Preprocessor 的缩写。它是一种 HTML 内嵌式的语言,语言的风格类似于 C 语言,是一种在服务器端执行的嵌入 HTML 文档的脚本语言,它简单高效、开源免费、跨平台等特性受到广大 Web 开发人员的欢迎,被广泛地运用。

3. JSP 语言

JSP(JavaServer Pages)是由 Sun Microsystems 公司倡导、多家公司参与一起建立的一种动态网页技术标准。它是在传统的网页 HTML 文件(* . htm, * . html)中插入的 Java 程序段(Scriptlet)和 JSP 标记(tag),从而形成的 JSP 文件(* . jsp)。JSP 页面由 HTML 代码和嵌入其中的 Java 代码所组成。服务器在页面被客户端请求以后对这些 Java 代码进行处理,然后将生成的 HTML 页面返回给客户端的浏览器。Java Servlet 是 JSP 的技术基础,大型的 Web 应用程序的开发需要 Java Servlet 和 JSP 配合才能完成。

用 JSP 开发的 Web 应用是跨平台的,既能在 Linux 下运行,也能在其他操作系统上运行。

7.3.2 电子商务网站设计后台数据库

在进行网站建设的过程中,数据的应用是必须应用常用的。那什么是数据库? 简单地说,数据库(DataBase,DB)是一个长期存储在计算机内的、有组织的、有共享的、统一管理的数据集合。它就是一个按照数据结构来组织、存储和管理数据的仓库。在当今的电子商务网站运营中,数据库的类型也是花样百出,逐渐渗透到各个领域。以下列举出电子商务网站建设中常用到的 5 种类型数据库。

1. Access

Access 是由微软发布的关联式数据库管理系统,它结合了 Microsoft Jet Database Engine 和图形用户界面两项特点。其界面友好、易学易用、开发简单、接口灵活等特点适合小型网站使用。

2. MySQL

MySQL 是一个瑞典 MySQLAB 公司开发的小型关系型数据库管理系统,2008 年被 Sun 公司收购。MySQL 被广泛地应用在 Internet 上的中小型网站中。由于其体积小、速度快、总体拥有成本低,尤其是开放源码这一特点,许多中小型网站为了降低网站总体拥有成本而选择了 MySQL 作为网站数据库。

3. SQL Server

SQL(Structured Query Language),结构化查询语言。SQL 语言的主要功能就是同各种数据库建立联系,进行沟通。SQL 语句可执行各种各样的操作。绝大多数流行的关系型数据库管理系统都采用 SQL 语言标准。虽然很多数据库对 SQL 语句进行再开发和扩展,但是包括 Select、Insert、Update、Delete、Create 以及 Drop 在内的标准的 SQL 命令仍可用于完成几乎所有的数据库操作。

SQL Server 是一个关系数据库管理系统。它最初是由 Microsoft、Sybase 和 Ashton-Tate 三家公司共同开发的,它具有使用方便、可伸缩性好、与相关软件集成程度高等优点,可在多种平台上使用。

4. Oracle

Oracle 是世界领先的信息管理软件开发商,因其复杂的关系数据库产品而闻名。Oracle 数据库产品为财富排行榜上的前 1000 家公司所采用,许多大型网站也选用了 Oracle 系统。Oracle 的目标定位于高端工作站以及作为服务器的小型计算机。

5. DB2

DB2 是 IBM 研制的一种关系型数据库管理系统。DB2 主要应用于大型应用系统,具有较好的可伸缩性,可支持从大型机到单用户环境,应用于 OS/2、Windows 等平台下。它以拥有一个非常完备的查询优化器而著称。DB2 具有很好的网络支持能力,每个子系统可连接十几万个分布式用户,同时激活上千个活动线程,对大型分布式应用系统尤为适用。

7.3.3 电子商务网站设计开发软件

在网站的制作过程中,可以应用多款软件帮我们更快更好的完成网页的设计,以下就是几款常用的网站开发软件。

1. FrontPage

FrontPage 是一款优秀的网页制作与开发工具之一,它本身也是 Office 2000 中的一个重要组件,采用了与 Office 2000 其他组件一致的界面和操作方式,只要用户使用过 Office 软件,就可以轻松掌握 FrontPage 的用法,上手方便。

2. 网页制作三剑客

Flash、Dreamweaver、Fireworks 合在一起被称为网页制作三剑客。这三个软件相辅相成,是制作网页的首选工具,其中 Dreamweaver 主要用来制作网页文件,制作出来的网页兼容性好、制作效率也很高,Flash 用来制作精美的网页动画,Fireworks 用来处理网页中的图形。

3. Photoshop

Photoshop 是 Adobe 公司的产品,无论是在平面广告设计、室内装潢,还是处理个人数码照片方面,Photoshop 都已经成为不可或缺的工具。在网页制作方面,它多姿多彩的滤镜和功能强大的选择工具可以做出各种各样的文字效果来,所以在网站大量图片的设计和处理工作上,Photoshop 软件都可以帮上大忙。

7.4 电子商务网站建设实例——奇美购物中心网站建设

7.4.1 前言

随着人类科学技术的高速发展,计算机技术的应用已普及到了社会生活的各个领域,网络对人们的影响越来越大,网上购物也成了人们购物的一种便捷方式。对于企业来讲,电子商务网站这种网上购物的形式,能在更广的范围拉近企业与客户的距离,不但节省企业成本、提高效率,同时也节约了用户的时间,是未来商务发展的趋势。对于用户来讲,电子商务网站也能够提供方便的购物渠道,用户足不出户,就能够通过网络体验购物的乐趣,奇美购物中心网站就是在这样的背景下建设的。

7.4.2 网站功能模块设计

1. 网站系统架构

网站系统采用从数据层到应用层,最后到用户接口层进行设计。系统总体构架如图7-2所示。

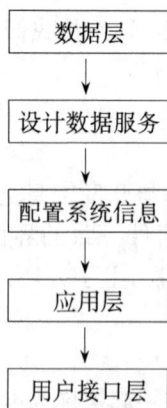

```
┌──────────┐
│  数据层   │
└──────────┘
     ↓
┌──────────┐
│ 设计数据服务 │
└──────────┘
     ↓
┌──────────┐
│ 配置系统信息 │
└──────────┘
     ↓
┌──────────┐
│  应用层   │
└──────────┘
     ↓
┌──────────┐
│ 用户接口层 │
└──────────┘
```

图 7-2 系统总体构架图

2. 功能模块设计

本网站设计使用了 UML(Unified Modeling Language,统一建模语言)对网站功能架构进行模型描述,进一步分析本网站的功能和流程。在需求分析阶段,主要采用"用例图"进行建模。

用例图(Use Case Diagram)被称为参与者的外部用户所能观察到的系统功能的模型图,呈现了参与者和一些用例以及它们之间的关系,主要用于对系统、子系统或类的功能行为进行建模。它展示出了用例之间以及同用例参与者之间是如何相互联系的,使用户能够理解如何使用这些元素,并使开发者能够实现这些元素。

(1) 用户的用例图,如图 7-3 所示。

从图中可以看到,网站为用户提供用户注册、浏览商品、查询商品信息、订购商品、用户信息维护、与商家互动等功能,从而实现网上购物。

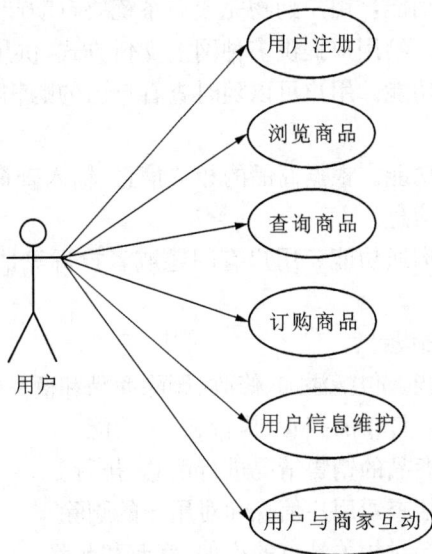

图 7-3 用户 use case 图

(2) 后台管理员的用例图,如图 7-4 所示。

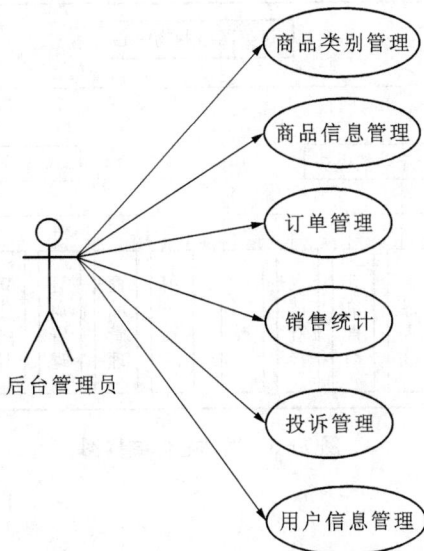

图 7-4 管理员 use case 图

从图中可以看到,网站为后台管理员提供商品类别管理、商品信息管理、用户订单管理、用户信息管理、销售统计、投诉管理等功能,实现管理员对系统的维护。

(3) 根据系统用例图的分析,明确了电子商务网站的建设可分为前台和后台两个功能模块,其具体功能如下:

前台主要功能模块详细设计:

➢ 实现用户注册、登录功能。用户输入账号和密码登录,用户可以维护个人信息。

➢ 实现商品浏览功能。对商品进行分类管理,用户可以对某类商品进行浏览。

➢ 实现用户购物功能。主要是实现购物车功能。

➢ 实现前台订单管理功能。用户购物完成后系统要自动产生商品订单。

➢ 实现网上支付功能。给用户提供多种网上支付方式,供用户选择。

➢ 实现用户订单查询功能。用户可以随时查看自己的购物订单,查看支付情况和配送情况。

➢ 实现商品分类查询功能。根据商品的相关信息,输入查询关键字,支持模糊查询,找出符合条件的商品信息。

➢ 实现用户与商家的沟通功能。用户有问题或者投诉等情况能够和商家进行良好的沟通。

后台主要功能模块详细设计:

➢ 商品和类别管理功能。包括添加、修改、删除商品和商品类别。

➢ 订单管理功能。包括订单的查看、执行、删除功能。

➢ 销售统计功能。对商品的销售情况进行汇总、排行。

➢ 用户管理功能。包括查看用户信息和对用户的删除。

➢ 链接管理功能。包括对相关站点的添加、修改和删除。

➢ 公告、留言板管理功能。包括公告、留言板的添加、修改和删除。

网站总体结构图如图 7 - 5 所示。

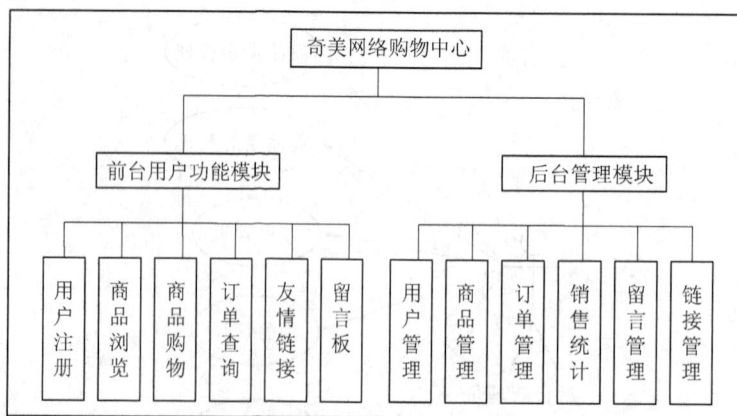

图 7 - 5　网站总体结构图

3. 网站的主要工作流程

用户首先要登录到奇美购物中心网站,浏览网站发布的商品,选择合适的商品后可以对商品进行订购,订购前网站会检查用户是否登录,未登录的用户只能浏览商品,不能进行订购商品的操作,而已经登录的用户可以将商品放入到购物车中,在用户确定要购买后,生成订单,等待系统管理员处理,进行付款等下一步操作。如果用户没有登录,系统会提示用户登录,如果用户没有注册过,系统将提示用户注册,具体流程如图7-6所示。

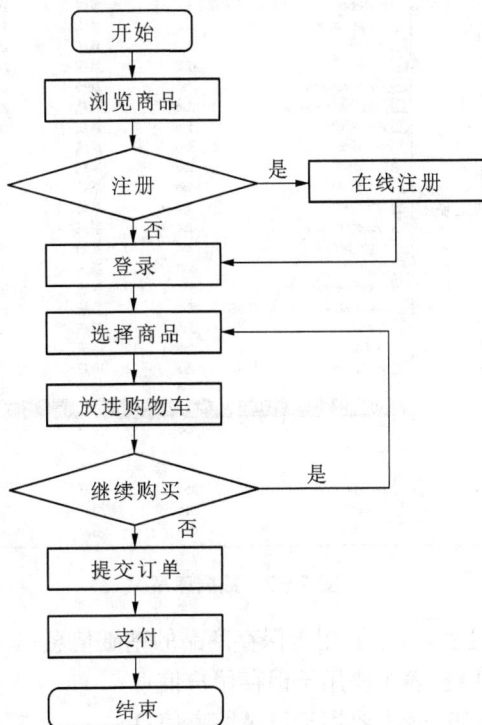

图 7-6 用户前台购物流程

7.4.3 开发工具的选择

系统实现时采用客户机/服务器模式,使用 JSP 技术和 SQL Server 2000 数据库。

7.4.4 数据库的分析与设计

数据库是一个应用系统的核心部分,数据库一旦建立就不能随意扩展,如果不能设计一个合理的数据库模型,不仅会增加客户端和服务器端程序的维护的难度,还会影响系统实际运行的性能。等到系统投入实际运行一段时间后,随着数据的日益膨胀,才发现系统的性能在降低,这时再来考虑提高系统性能则要花费更多的人力物力,而且很难达到预想的效果。所以在建立数据库系统过程中要充分研究论证,并考虑系统的实际需求和以后一段时间扩展性。

1. 数据库设计

奇美网络购物中心的数据库系统是用 SQL Server 2000 设计的,系统数据库名称为 db_business,其中包含 10 张表。下面分别给出数据表概要说明,数据库如图 7－7 所示。

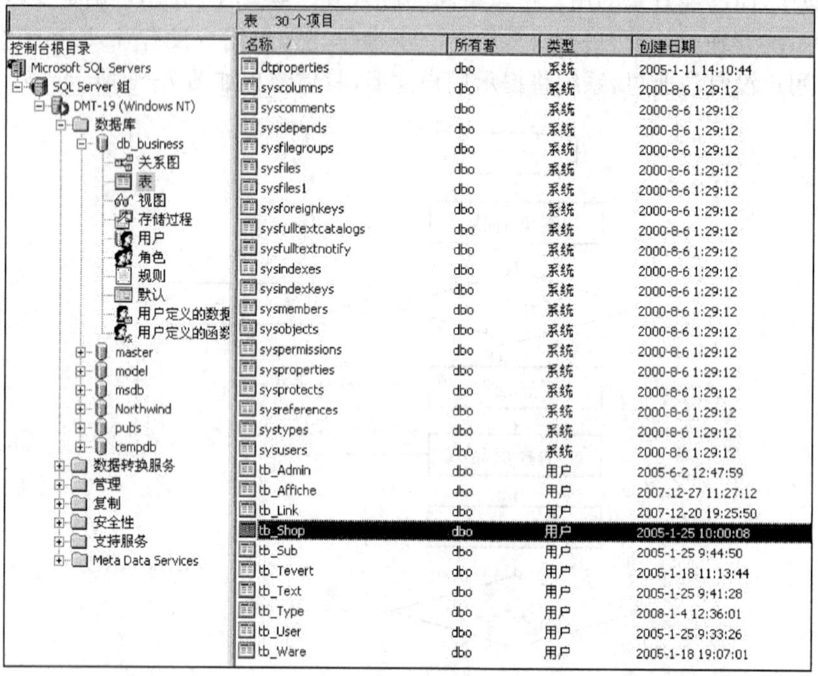

图 7－7　数据库表

➢ tb_Ware(商品信息表)表主要用于保存商品的基础信息;

➢ tb_User(用户信息表)表主要用于保存用户信息;

➢ tb_Text(留言信息表)表主要用于记录留言信息;

➢ tb_Shop(订单商品表)表主要用于记录某一订单中所订购商品的详细信息;

➢ tb_Sub(订单生成表)表主要用于记录新生成的订单;

➢ tb_Link(超级链接表)表主要用于记录添加的超级链接信息;

➢ tb_Admin(管理员信息表)表主要用于记录管理员信息;

➢ tb_Affiche(公告信息表)表主要用于记录后台添加的公告信息;

➢ tb_Type(商品类别信息表)表主要用于记录商品类别的信息。

2. 编写 JavaBean

JDBC 的英文全称是 Java Database Connectivity,中文全称是 Java 数据库连接,它是 Java 语言数据库操作的商标名。JDBC 是用于执行 SQL 语句的 API 类包,JDBC API 为 Java 开发者使用数据库提供了统一的编程接口。

JDBC 的关键技术是数据库连接驱动,针对这点大量的数据库厂商和第三方开发商都推出了支持 Java 的 JDBC 的标准,并开发了不同的数据库 JDBC 驱动程序。

在本电子商务网站中需要多次连接数据库,而且这种连接是一项很消耗系统资源的操作。所以在本系统中将调用数据库的部分采用了 JavaBean,文件名为 Condb. java。将此程序运行生成一个 Condb. class 文件,然后放在相应的文件夹下,当用到时直接调用即可。

7.4.5 网站前台功能模块设计

网站前台页面设计

1. 色彩设计

色彩搭配既是一项技术性工作,同时它也是一项艺术性很强的工作,因此,设计者在设计网页时除了考虑网站本身的特点外,还要遵循一定的艺术规律,从而设计出色彩鲜明、性格独特的网站。

➢ **特色鲜明**。一个网站的用色必须要有自己独特的风格,这样才能显得个性鲜明,给浏览者留下深刻的印象。

➢ **搭配合理**。网页设计虽然属于平面设计的范畴,但它又与其他平面设计不同,它在遵从艺术规律的同时,还考虑人的生理特点,色彩搭配一定要合理,给人一种和谐、愉快的感觉,避免采用纯度很高的单一色彩,这样容易造成视觉疲劳。

➢ **讲究艺术性**。网站设计也是一种艺术活动,因此它必须遵循艺术规律,在考虑到网站本身特点的同时,按照内容决定形式的原则,大胆进行艺术创新,设计出既符合网站要求,又有一定艺术特色的网站。

根据专业的研究机构研究表明:彩色的记忆效果是黑白的 3.5 倍。也就是说,在一般情况下,彩色页面较完全黑白页面更加吸引人。我们通常的做法是:主要内容文字用非彩色(黑色),边框、背景、图片用彩色。这样页面整体不单调,看主要内容也不会眼花。

2. 布局设计

网页作为一种版面,既有文字,又有图片;文字有大有小,还有标题和正文之分;图片也有大小而且有横竖之别。图片和文字都需要同时展示给观众,不能简单地将其罗列在一个页面上,否则会搞得杂乱无章。关于具体的网页布局,常见的有"国"字型、拐角型、标题正文型、左右框架型、上下框架型、综合框架型、封面型、Flash 型、变化型等。如果内容非常多,就要考虑用"国"字型或拐角型;而如果内容不算太多而一些说明性的东西比较多,则可以考虑标题正文型;而如果是一个企业网站想展示一下企业形象或个人主页想展示个人风采,封面型是首选;Flash 型更灵活一些,好的 Flash 大大丰富了网页,但是它不能表达过多的文字信息。还没有提到的就是变化型了,只有不断地变化才会提高,才会不断丰富我们的网页。

网页内容的排版要不落俗套,要重点突出一个"新"字,这个原则要求我们在设计网站时不能照抄别人的内容,要结合自身的实际情况创作出一个独一无二的网站。排版既要新颖别致,又要简洁明了,这就要求我们必须在细节处下功夫。

在网页设计中,页面因为内容元素的需要被分割成很多区块,区块之间的均衡就是版式设计上需要着重考虑的问题。均衡并非简单理性的等量不等形的计算,一幅好的、均衡的网页版面设计,是布局、重心、对比等多种形式原理创造性全面应用的结果,是对设计师的艺术修养、艺术感受力的一种检验。需要注意的是,传统网页设计的版式控制都是在不超越大众显示器分辨率宽度的前提下,依照内容多少纵向延展设计。而如今流行的产品型网站,更倾向于在一屏内表达最主要的东西,尤其是首页,尽量不出现滚动条。

网站前台功能模块设计

1. 会员管理模块设计

用户登录窗口设置在首页上,主要用来接收用户录入的用户名及密码。单击【登录】按钮,系统将对输入的用户名和密码进行验证,如果数据表中用户名和密码存在就显示登录成功,并返回首页,否则弹出错误的提示信息。

2. 商品浏览模块设计

商品浏览模块是指用户登录系统后,实现商品选购的活动过程,首先用户可以看到在系统首页的商品信息,可以浏览到商品的详细介绍,而"商品搜索"功能也可以帮助用户方便快速地找到自己想要的商品,用户选择好商品后,把商品放入购物车中,填写订单,并进入支付页面选择支付方式进行购买。

3. 购物车模块设计

在超市购物,可以根据自己的需要将很多种商品挑选至购物车(篮)中,然后到收银台结款。而在网上虚拟的购物环境中,当然没有办法推车子,通常都会采用一种被称作"购物车"的技术来模拟现实生活。这种技术使用起来十分方便,不但可以随时添加、查看、修改、清空购物车中的内容,还可以随时去收银台结款。

购物车是每一个JSP程序员必须掌握一项技术,由于实现购物车的方法有多种多样,不能一一介绍,下面以集合类型方法为例,探讨购物车的实现方法。

➤ 添加购物车。添加购物车就是把用户选中的商品暂放在购物车中,当用户在前台首页中单击商品展示区的【购买】按钮时,系统会将该商品的详细信息展示在查看物品清单页面中,用户在单击物品清单页面下方的"放入购物车"链接,便可以将该该商品放入购物车中,如果为空则说明还没有进行购物或者已经清空了购物车,需要新建购物车对象;将商品名称与购物车列表中的商品名称对比,如果已经存在,则把商品数量加1。

➤ 查看购物车。为了方便用户随时查看购物情况,在网站的首页加入了查看购物车的链接,通过它可以将用户所有选中并放入购物车中商品信息显示出来。

在程序中我们使用了一组文本框记录用户购买的商品数量,用户可以在文本框中输入想要购买的数量然后单击【修改】按钮。如果欲删除该商品,可以在数量文本框里输入"0"并单击【修改】按钮来更新购物车中商品的数量。

系统每次只会将1个商品放入购物车中,如果用户需要多个同种商品,可以通过修改商品信息右侧相应文本框的值来完成。操作完成后通过单击【修改】按钮来保存操作。具体代码略。

➤ 生成订单。生成订单是网上购物商城的最终目的,前面所有功能的实现都是为最后生成一个用户满意的订单做基础,在此要生成一个可供用户随时查询的订单号,还要保存用户订单中所购买的商品信息。当用户确认对购物车不再改变以后,就可以到收银台结账并生成订单。结账的流程为:从购物车中读取商品名称、商品数量、商品价值信息,生成一个唯一的订单号,同时也把用户注册的基本信息读取出来,形成一个完整的订单并写入数据库。

在生成订单模块中主要使用了调出用户信息并生成唯一订单号,调出用户信息就是完全的对数据库进行操作,利用 Session 对象把登录后的用户名保存起来,在订单生成时把保存的用户名从数据库的用户表中取出即可。生成唯一订单号方法有很多,只要确保订单号码的唯一性及方便用户记录以便于查询自己订单的执行状态即可。

订单生成后,用户单击【提交】按钮,便可以将录入的订单信息保存到数据库中。

➤ **清空购物车**。清空购物车是指当用户订单生成后,倘若还想继续购物一定要清空购物车再进行选购商品,这样防止重复购物,其实清空购物车实现起来非常简单,只要将 Session 中存储的 shop 对象清空即可。

➤ **订单模块设计**。用户提交订单后,可以通过系统生成的订单号查询订单信息及执行状态。用户在奇美网络购物中心首页中单击"订单查询"超链接,进入输入订单号页面,在文本框中输入订单号并单击提交按钮,如果订单号输入无误,系统将根据订单号转到订单查询显示页面,该方法实现非常简单,只需要根据用户录入的订单号在数据表中查询出对应的商品即可。

7.4.6 网站后台功能模块设计

1. 网站后台文件架构设计

网站的后台需要建设统一的系统进行后台的管理与维护。通过前台管理员入口进入管理员登录页面,成功登录后进入后台管理页面,各管理系统功能详细列出于平台上。点击指定链接可进入相应管理页面。下面具体介绍各页面功能及设计。

2. 后台登录模块设计

通过提交表单从数据库中查询核对管理员身份。

3. 商品管理模块设计

商品管理首页由管理平台首页商品管理链接进入,商品管理模块分商品管理和商品类别管理两块,点击指定链接进入相应管理页面。

对商品、商品的类别主要实现添加、更新、删除功能。

4. 订单管理模块

(1) 显示订单页面。用户在前台购物所产生的订单并不能立即执行,需要系统管理员在后台订单信息管理审核确认它的执行性。用户单击导航区中的订单管理超链接进入用户订单处理页面,该页面上会分两个表格显示近期所有没被处理的订单和已经处理过的订单。

(2) 商品订购详单页面。用户订单处理页面显示的是用户基本信息。要想知道订单中所涉及的商品,需要单击对应订单号的超链接,打开商品订购详单页面显示商品订购详单页面。

(3) 订单检查页面实现。商品订购详单处理要通过提交的订单号从 tb_shop 表中查询出对应的商品并显示在页面中,管理员审核后可通过复选框来设置订单是否执行。

(4)订单更新页面实现。当选中"是/否"复选框时,系统会根据提交的订单号更新数据表。如果更新成功,管理员对复选框的提交值进行了判断,当选中复选框时值为"on",并更新当前订单号的数据库;否则值为"null"。

(5)订单删除技术实现。当选中删除按钮时,系统会根据提交的订单号删除对应的订单。

5. 公告管理、留言管理、链接管理模块

管理员在后台页导航区中单击"公告管理"、"留言管理"、"链接管理"链接可进入相应页面,可对公告、留言、链接进行添加、修改、删除等操作。

7.4.7 结语

本购物网站主要是应用了 JSP 和 SQL Server 2000 技术开发电子商务网站,成功地实现了网站前台页面的设计、数据库的建立与连接、网站前台功能模块、网站后台功能模块的设计工作。因网站开发涉及页面设计和程序开发两个部分,程序开发的工作量比较大,所以,建议本设计最好作为一个团队设计选题,团队至少包括 3 个成员:1 个负责设计页面,2 个负责程序开发和系统的整合。相信通过本网站的设计训练,会有效提高学生的开发能力和团队合作能力。

7.4.8 谢辞(略)

7.4.9 参考文献

[1] 涂刚.运用 JSP 开发 Web 系统[M].北京:北京大学出版社,2012.
[2] 卢瀚.Java Web 开发实战 1200 例[M].北京:清华大学出版社,2011.
[3] Bergsten,H. JSP 设计[M].北京:中国电力出版社,2004.

7.5 电子商务网站建设实例——Vone 车族连锁店商品在线销售系统建设

7.5.1 绪论

课题研究背景

20 世纪 70 年代,电子商务逐步兴起,刚开始的应用并不是很广泛,交易量也很小,主要是应用于电子数据交换(EDI)贸易。但随着 Internet 的不断普及,人们对网络应用范围不断的加大,已经不仅仅是停留在浏览网站新闻、收发电子邮件的简单要求,日益忙碌的人们开始追求利用互联网这一快捷而且强大的平台足不出户地进行网上购物。国内外各大企业也顺应潮流,在企业网站上开始了网上购物平台的建设,利用网上购物平台来进行商品的电子交易。这种基于网络的销售手段较之传统市场营销手段主要有以下几个方面的特点:

1. 从间接经济到直接经济,交易成本降低

传统的市场营销模式含有许多中间环节,企业与消费者之间存在着批发商、零售商等中介,这就决定了其"间接经济"的特点。而网络购物的出现从根本上减少了传统交易活动的中间环节,减少了各种不必要的消耗,使我们进入"直接经济"时代,这种电子商务模式使得买卖双方的交易成本都大大降低。

2. 减少营销误差,交易效率提高

互联网能够把全世界的顾客送到地球上开设的任何一家商店,这是其他的商业经营形式所望尘莫及的。电子商务克服了传统贸易方式费用高、处理速度慢等缺点,极大地缩短了交易时间,使整个交易更加快捷与方便,买卖双方大大减少了为解决营销误差问题所消耗的精力。有人预测,30 年内,30％的消费支出将通过国际互联网进行。

3. 大小企业公平竞争,交易透明化

互联网为所有企业提供了公正平等的竞争环境。在传统商业中,制造商和卖方必须投入巨大的资金和人力去建立其营销网络,这对于小企业来说,是一个非常大的困难。而现在,互联网能使最小的企业也可以与最大的企业一样平等地出现在全世界的客户面前,买卖双方从交易的洽谈、下定单以及货款的支付、交货通知等整个交易都在网络上进行。而且网络上的交易能更容易地为企业建立忠实的客户群,根据研究结果显示,受访的高级管理人员中有 75％认为,电子商务的最大优点就在于能协助建立客户的忠诚度。

4. 网上购物扩大了企业与市场的互动

电子贸易所带来的巨大变化还表现在贸易方式和内容上。互联网时代强化了企业电子商务网站,网站可以全方位的展示企业商品,提供方便的搜索功能,使顾客可以快速的定位到自己需要的商品,企业还可以和顾客进行双向沟通,随时收集市场情报,了解消费者需求,进行产品测试与消费者满意度调查等,是企业进行商品信息提供、情报搜集以及顾客服务的最佳工具。

综上所述,可以看出,网上销售是一种新型的、以信息技术为依托的、全过程整合的一体化销售链渠道,它具备例如节约企业生产资本、提高企业的市场竞争力等优势,能最终使企业获取更多的商业利润。所以,企业针对自己的业务特点开发个性化的电子商务网上销售系统是企业发展的重要趋势。而当前大多数的中小企业的网站,都还仅仅是起到企业宣传、产品展示等方面的功能,企业还没有享受到电子商务带来的好处,所以开发网上销售系统是各中小企业所迫切需要的。本课题研究的商品在线销售系统就是在这样的背景下确定的。

电子商务的模式和发展趋势

1. 电子商务的模式

电子商务总的来说可以分为 B to B、B to C 和 C to C 三种模式。B to B 表示企业对企业的电子商务模式，B to C 表示企业对个人的电子商务模式，C to C 表示消费者互相之间进行销售买卖的电子商务模式。

① B to B(企业对企业)模式是一个将卖方企业、买方企业以及为它们提供服务的第三方(如银行机构)这三者进行交流的信息和交易的行为全部集中在一起的运作方式。这种模式适合于主要从事批发业务的企业，如阿里巴巴网站。

② B to C(企业对个人)模式是企业通过建立电子商务网站，在互联网上为个体用户提供购买企业产品和用户服务的电子商务模式，这种模式适合在网络上进行零售的企业，如卓越网和戴尔网。B to C 模式的特点是电子商务的企业把提供的产品和提供的服务直接交付给个体而不再通过任何第三方的商务模式，这种交易方式是非常容易被接受的模式，它与人们的生活密切相关，因此这种电子商务模式是非常有发展前景的。

③ C to C(个人对个人)模式是通过为买卖双方提供一个在线交易平台，使卖方可以主动提供商品上网拍卖，而买方可以自行选择商品进行竞价的交易模式。因为 C to C 模式能够为消费者带来便利和实惠，所以 C to C 网站也吸引了很多网民的眼球，成为一种发展快速的电子商务模式，典型代表是 Ebay 网和淘宝网。

可以看出，在以上三种电子商务模式中，B to C 模式更适合企业和顾客的沟通，所以这种电子商务模式的应用在国内逐步兴起，众多企业都纷纷建立了自己的电子商务网站，如网上商店、网上书店、网上订票等。这些新型电子商务模式企业的纷纷出现，使人们在任何时间地点都能通过因特网，购买到自己喜欢的商品或享受到需要的资讯服务，是我们这个时代的一大进步。本文所研究的商品在线销售系统就是应用电子商务的 B to C 模式。

2. 电子商务的发展趋势

随着电子商务相关技术的发展和应用水平的提高，电子商务发展迅速，其发展趋势如下：

① 国外的一些电子商务企业逐步进军中国，对国内的电子商务是一种很严峻的挑战。国际上电子商务形成的规范，将迫使中国的电子商务必须走向国际化，中国只有不断地完善自身，不断地提高企业的竞争力，才能在国际市场中立于不败之地。

② 电子商务企业的网站开始出现了兼并，对于重复性的建设，比如说业务内容相似、定位相同的企业网站，为节约因特网的资源，企业网站将兼并，在网上建设较为成功的大型企业将最终保留。

③ 行业电子商务是未来电子商务发展的一个方向，服务将从传统的内容专一型、综合型转变为两者结合，从而更加充分地发挥网络的优势，电子商务系统将在网上实现更多样化的商务功能，能够完成从商品信息展示、发布、产品在线交易、后台管理等功能。传统纸质的产品交易具备的所有功能几乎全都可以在网上高效执行。

本实例所研究的商品在线销售系统通过在互联网上提供一个虚拟的互动空间来实现人

们的购买活动,能够为用户更直观地展示企业产品,方便企业与客户进行实时互动的信息交流,为用户提供更加个性化的服务,贴合了电子商务的发展趋势。

7.5.2 系统的分析与设计基础

本节所阐述的内容主要是结合电子商务的应用和服务对象的特点,对系统的需求进行分析,主要任务就是解决"做什么"的问题,要全面地理解用户的各项需求,理解业务流程,获取系统运行的软硬件环境,为之后的系统设计打下基础。

系统服务对象及提供的服务

服务的对象:需要通过网络进行购物的用户。这些用户通过商品在线销售系统,能够方便地获取商品的信息,安全地进行购物交易。

提供的服务:

(1) 商品信息查询服务:方便地查询各种商品的信息,其中包括商品名称、商品图片、商品介绍、商品价格和商品的促销情况等详细信息。

(2) 商品快速搜索服务:能方便快速地查找到顾客想购买的商品。

(3) 商品订购服务:一旦用户确定需要购买某一商品,可以通过该系统进行网上订购。

(4) 咨询服务:用户可以通过该系统对商家进行咨询,商家通过该系统对用户的咨询进行网上解答,实现用户与商家之间的互动。

(5) 用户个人信息管理服务:管理用户的个人信息,包括用户的个人资料,用户的购买记录,用户的积分情况等。

(6) 各种及时信息服务:商家通过该系统可以在互联网上发布各种特价商品以及优惠政策等促销活动。

系统分析

根据为用户提供的服务,分析确定本商品在线销售系统分为用户提供的前台购物子系统和为管理员提供的后台管理子系统两个子系统,具体功能如下:

1. 前台购物子系统具体功能

① 用户注册:用户可以通过注册成为系统的会员;

② 浏览商品:用户可以浏览商品的主要信息;

③ 查询商品:用户可以输入条件,搜索感兴趣的商品;

④ 订购商品:用户可以对需要购买的商品进行网上订购;

⑤ 用户信息维护:用户可以维护自己的个人信息,包括查询购物车内商品、查询订单等信息;

⑥ 用户与商家互动:能够通过 QQ、留言板等方式与企业进行在线沟通。

2. 后台管理子系统具体功能

(1) 商品类别管理。

添加商品类别:后台管理员可以通过该功能随时添加商品的类别信息;

修改商品类别:当某一商品类别信息出现错误时,后台管理员可以修改该项内容,并且如果某一商品类别信息修改后,所有引用该商品类别的商品都将作相应的修改;

删除商品类别:当某一商品类别不再存在时,可以进行商品类别的删除。

(2)商品信息管理。

添加商品信息:后台管理员可以添加商品信息,包括商品所属类别、名称、型号、图片、详细介绍等信息,商品信息添加后,前台可以进行浏览和查询;

修改商品信息:后台管理员可以修改商品的信息,商品信息修改后,前台自动更新;

删除商品信息:后台管理员可以删除某一商品的信息,删除某一商品信息时,要确保那些已经订购该商品的订购信息已经处理完毕;

修改商品信息的关注度:后台管理员可以设置商品的关注度、积分等信息,设置是否为最新商品、特价商品、推荐商品等,设置后商品将会出现在前台页面的相应区域中。

(3)订单管理。

查询订单:当用户在前台订购商品后,会自动生成一个订单,后台管理员可以查看订单信息;

修改订单状态:管理员对订单进行处理,通过检查订单的合法性来决定如何标记订单的状态;

删除订单:后台管理员发现无效订单时,可以删除这些无效的订单。

(4)销售统计功能。

按商品名称统计:能按照商品名称统计每个商品的销售量;

按用户统计:能统计购买商品用户列表,方便企业对用户消费情况进行分析。

(5)用户信息管理功能。

用户注册信息管理:用户要在网上进行购物,必须先注册,注册包括用户名、密码、地址、联系方式等信息,系统管理员可以查看修改用户信息;

修改用户角色:管理员可以查看角色的相关信息、修改角色,如修改普通会员角色为VIP会员角色。

删除用户信息:后台管理员可以删除某些用户。

(6)投诉管理。

查看用户投诉:即查看用户投诉信息。

回复客户投诉:遇到问题及时处理,管理员在查看后可以对客户的投诉及时做出回应。

删除已解决的投诉:处理过的投诉在用户确认满意后,将该投诉删除。

可行性分析

可行性研究的目的就是用最小的代价在尽可能短的时间内确定问题是否能够解决、是否值得解决。下面从三个方面分析本系统的可行性:

1. 技术可行性

首先,本系统采用的 B/S 模式(Browser/Server,浏览器/服务器)无需像 C/S(Client/Server,客户机/服务器)模式那样在客户机上安装客户应用程序,客户端仅需单一的浏览器软件就可以访问应用程序服务器，界面统一简单，软件层次较少，这样不但节省客户机的硬盘空间与内存，而且使安装过程更加简便，网络结构更加灵活。同时，B/S结构的功能都在 Web 服务器上实现，而程序的修改只限于在数据库服务器端及应用程序服务器端完成，大大地减轻了维护工作量，使开发和维护工作都简单易行，特别适用于网上信息发布。

其次，本系统采用 SQL Server 2000 进行后台数据库的管理、操作和维护，用 C♯. NET进行前台 Web 界面设计，与后台数据库的连接，数据的查询、录入，在 Web 窗体中参数的传递和数据绑定等功能。C♯. NET 可以方便地创建动态、快速、交互性强的 Web 站点，从而充分说明本系统在技术方面的可行性。

2. 经济可行性

目前我国互联网事业蓬勃发展，网上购物在国内呈现越演越烈之势，企业的电子商务网站要想以低廉的投入成本获得更高的商业利润，必须开发一个易于管理维护、费用低廉、界面友好、安全可靠的在线销售系统。.NET 的开发简易灵活，在经济方面也迎合了这一开发前景。

3. 操作可行性

该系统有良好的用户界面，操作简单方便，并有完善的异常处理机制和提示信息机制，用户会感到所见即所得，因此操作方便可行。

开发本系统所使用的技术

1. ASP. net 技术

.NET 框架是微软公司全新的开发工具，Web 应用程序和传统应用程序的开发者都能用它更高效、更灵活地开发应用程序。.NET 框架是.NET 平台的基础架构，其强大功能来自于公共语言运行环境和类库紧密结合在一起，提供了不同系统之间交叉与综合的解决方案和服务。.NET 框架创造了一个完全可操控的、安全的和特性丰富的应用执行环境，这不但使得应用程序的开发与发布更简单，并且成就了众多语言间的无缝集成。

2. SQL Server 2000 数据库

本系统的数据库平台采用 Microsoft SQL Server 2000，SQL Server 2000 采用客户机/服务器式，即用中央服务器来存放数据库，该服务器允许被多台客户机访问，数据库应用的处理过程分布在客户机和服务器上。客户机/服务器模型可分两层的客户/服务器结构和多层的客户机服务器结构。

数据库系统采用多层客户/服务器结构，它的好处在于：

① 数据集中存储：数据不是分开存储在各客户机上而是集中存储在服务器上，这样可以使所有用户可以访问到相同的数据。

② 业务逻辑和安全规则可以在服务器上定义一次，即可被所有的客户使用。

③ 关系数据库服务器仅返回应用程序所需要的数据，这样可以节省硬件开销，减少网络流量。因为数据都存储在服务器上，不需要在客户机存储数据，所以客户机硬件不需要具备存

储和处理大量数据的能力,同样的服务器不需要具备数据表示的功能。

另外,SQL Server 2000 在数据库复制、数据传输、分析服务、英语查询等方面都有所增强,所以本系统的数据库平台采用 Microsoft SQL Server 2000。

3. AJAX 技术

AJAX 全称为"Asynchronous JavaScript and XML"(异步 JavaScript 和 XML),是一种创建交互式网页应用的网页开发技术。它的主要优点有:

① 页面无刷新,在页面内与服务器通信,给用户的体验良好。

② 使用异步方式与服务器通信,而不需要打断用户的操作,并且具有更迅速的响应能力。

③ 可以利用客户端闲置的能力来处理一些服务器负担的工作,减轻服务器和带宽的负担,节约空间和宽带租用成本。AJAX 的原则是"按需取数据",可以最大程度的减少冗余请求和响应对服务器造成的负担。

④ AJAX 是一种基于标准化的并被广泛支持的技术,不需要下载插件或者小程序。

AJAX 的核心技术是 XmlHttpRequest 对象。该对象在 Internet Explorer 5 中首次引入,它是一种支持异步请求的技术。简而言之,XmlHttpRequest 对象可以使用户用 JavaScript 向服务器提出请求并处理响应,而不阻塞用户。对象创建示例:

```
<script type="text/javascript">
    var xmlHttp = new XMLHttpRequest();
</script>
```

JavaScript 编程的最大问题来自不同的浏览器对各种技术和标准的支持。下面举例 XmlHttpRequest 对象在不同浏览器中不同的创建方法:

```
xmlhttp_request = new ActiveXObject("Msxml2.XMLHTTP.3.0");
xmlhttp_request = new ActiveXObject("Msxml2.XMLHTTP");
xmlhttp_request = new ActiveXObject("Microsoft.XMLHTTP");
xmlhttp_request = new XMLHttpRequest();
```

7.5.3 系统总体分析与设计

根据上一节对系统的分析,本节对系统展开进一步的分析与设计,确定系统的具体实现方案,明确系统的模块结构设计和数据流程。

系统结构

本商品在线销售系统用三层结构:用户层——WEB 服务层——数据层。系统结构如图 7-8 所示。

用户层:就是系统的用户,使用浏览器访问系统的消费者。

WEB 服务层:是空间提供商提供的 WEB 应用服务器,全部的业务逻辑和功能模块都部署在这个层,响应用户请求,调用业务逻辑,访问数据。

数据层:空间提供商提供的数据库服务器所在层,所有数据都保存在数据库服务器上。

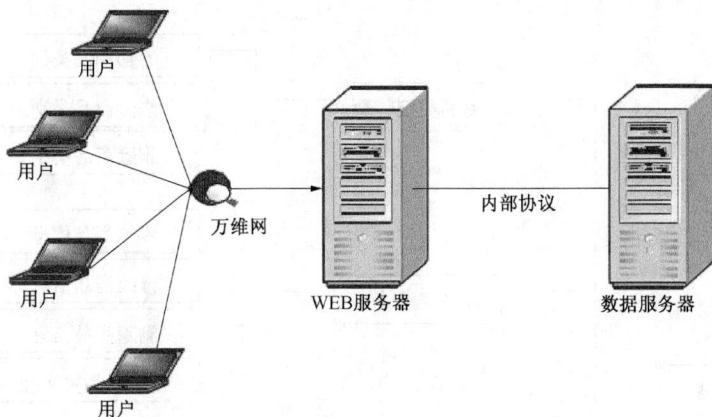

图7-8 系统结构图

系统主要功能模块结构

商品在线销售系统的功能,除了要具有常规的用户登录、浏览商品、购买商品的功能之外,更要发挥其网络及电子技术的优点,将最新的消息及时快捷地发布给用户,并且把用户的反馈意见、商品的销售情况实时做出统计,以方便企业根据销售情况制定销售政策,为用户提供更周全更及时的服务。根据前一节的系统需求的分析,得出系统的前台购物子系统和后台管理子系统的系统模块图,如图7-9、图7-10所示。

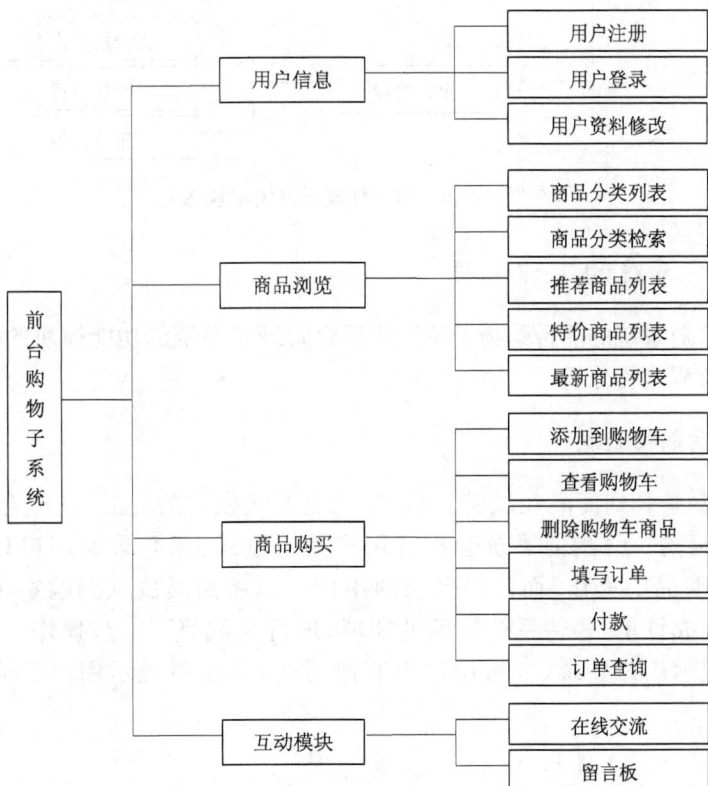

图7-9 前台购物子系统模块图

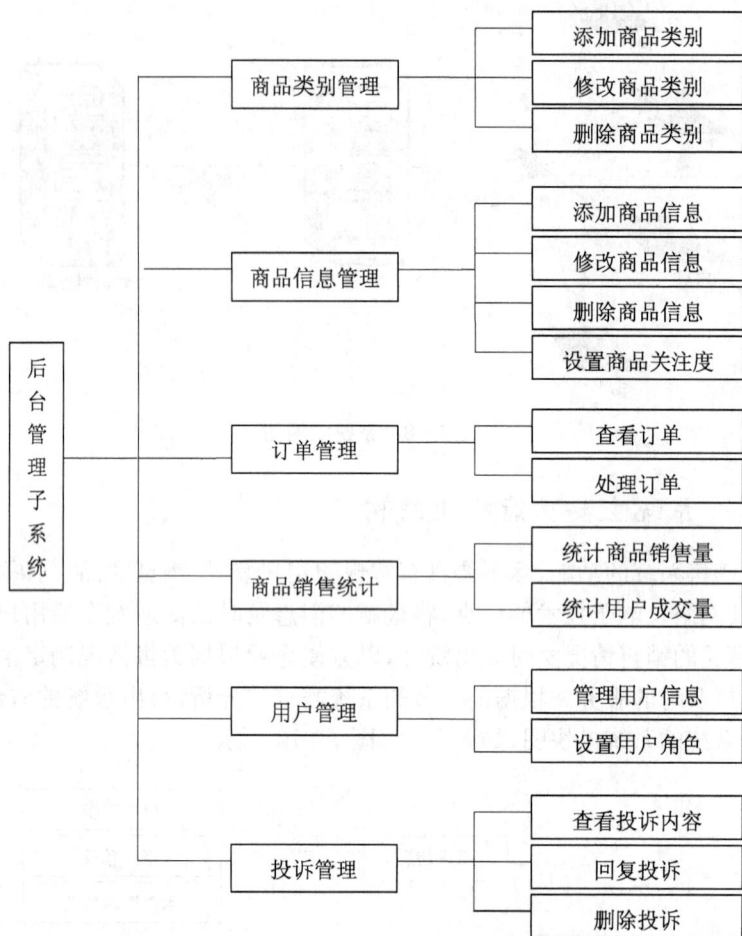

图 7 - 10 后台管理子系统模块图

系统的工作流程

基于上一节对系统的前台购物子系统和后台管理子系统的功能模块的分析,本节对系统主要模块的流程进行分析。

1. 用户前台购物流程

用户首先要登录到商品在线销售系统,浏览系统发布的商品,选择合适的商品后可以对商品进行订购。订购前系统会检查用户是否登录,未登录的用户只能浏览商品,不能进行订购商品的操作,而已经登录的用户可以将商品放入到购物车中,在用户确定要购买后,生成订单,等待系统管理员处理,进行付款等下一步操作。如果用户没有登录,系统会提示用户登录,如果用户没有注册过,系统将提示用户注册,具体流程如图7-11 所示。

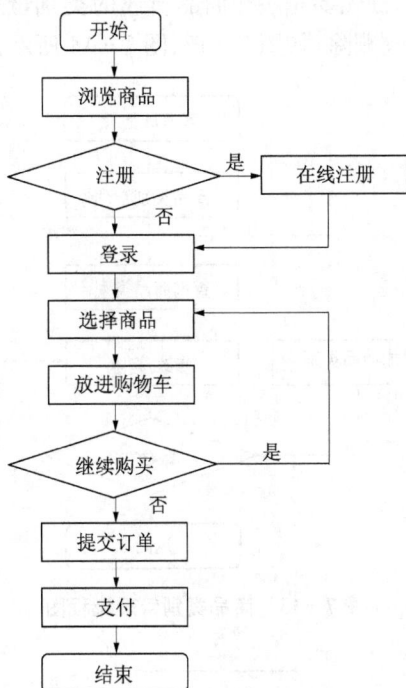

图 7－11　用户前台购物流程

2. 商品搜索流程

商品的搜索功能是在线销售系统的重要功能,因为在商品较多的情况下,这项功能可以方便用户进行查找,使用户能够在数量众多的商品中快速定位到自己感兴趣的商品,从而节省用户时间,提高购物效率。流程如图 7－12 所示。

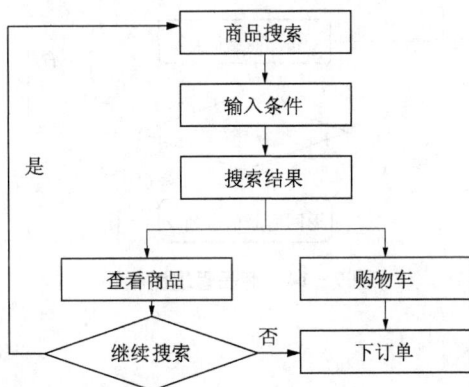

图 7－12　商品搜索流程图

3. 商品管理流程

此功能为后台管理员的功能,系统管理员在登录后,即可以对商品类别和商品信息进行相应的操作。要想添加商品，首先要先添加商品所属的类别，然后添加新的商品信息，并可以对已经存在的商品进行修改删除，如图 7 - 13、图 7 - 14 所示。

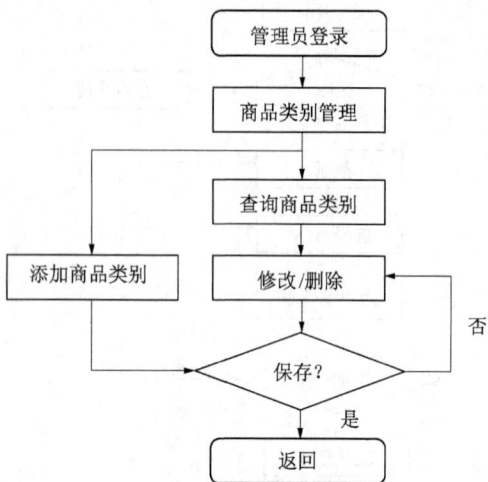

图 7 - 13　商品类别管理流程图

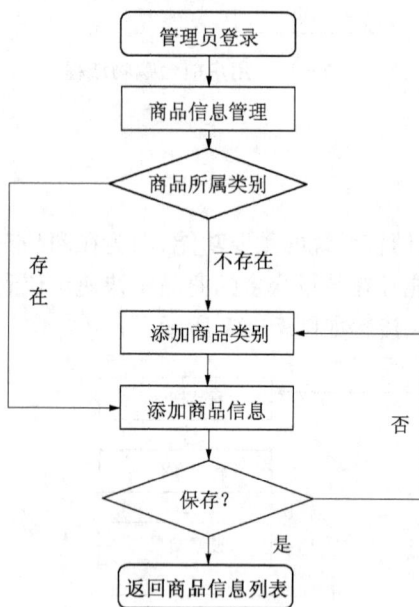

图 7 - 14　商品管理流程图

4. 订单处理流程

　　用户提交订单后，后台管理员马上可以看到一条未处理订单信息，管理员需及时处理该订单，处理完成后，单击【完成订单】按钮，订单进入历史数据库，如图 7 - 15 所示。

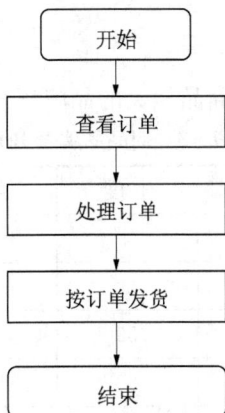

图 7-15　后台订单处理流程

数据库设计

在信息管理系统的整个开发过程当中,数据库设计的好坏是成败的关键。本系统涉及的数据种类繁多且数据量很大,因此数据库的合理性及优劣性将直接影响到整个应用系统开发工作的难易和开发效率的高低。

根据前面的需求分析整合了商品在线销售系统的各功能模块,根据这些功能模块的流程分析,我们设计此数据库共包含 8 个表:商品类别表 ProductType,商品品牌表 Brand,商品信息表 Product,购物车表 Basket,订单表 Order,用户表 Users,管理员表 Admin 和客户投诉表 Complain。

下面分别介绍这些表的结构。

1. 商品类别表 ProductType

商品类别表 ProductType 是用来保存有关商品类别的信息,对于商品的类别往往只分一级是不够的,所以数据库设计了 big 和 small 大小两类,结构见表 7-1、表 7-2 所示。

表 7-1　商品类别——一级类表 ProductType_big

序号	列名	数据类型	长度	主键	允许空	说明
1	B_Classid	int	4	是		ID 编号
2	B_Class	nvarchar	50		否	类别名称
3	B_Count	int	4		否	类别序号

表 7-2　商品类别——二级类表 ProductType_small

序号	列名	数据类型	长度	主键	允许空	说明
1	S_Classid	int	4	是		ID 编号
2	S_Class	nvarchar	50		否	类别名称
3	S_Bigid	int	4		否	对应大类 ID
4	S_Count	int	4		否	类别序号

2. 商品品牌表 Brand

商品品牌表 Brand 是用来保存商品相关的品牌型号，见表 7 - 3 所示。

表 7 - 3　商品品牌表 Brand

序号	列名	数据类型	长度	主键	允许空	说明
1	B_Brandid	int	4	是		ID 编号
2	B_title	nvarchar	50		否	品牌名称
3	B_Picture_s	nvarchar	50		否	品牌缩略图
4	B_Picture_b	nvarchar	50		否	品牌展示图
5	B_content	nvarchar	200		否	品牌说明

3. 商品信息表 Product

商品信息表 Product 用来保存有关商品的基本信息，结构见表 7 - 4 所示。

表 7 - 4　商品信息表 Product

序号	列名	数据类型	长度	主键	允许空	说明
1	G_productid	int	4	是		ID 编号
2	G_class	varchar	50		否	类别名称
3	G_Class_B	int	4		否	对应大类 ID
4	G_Class_S	int	4		否	对应小类 ID
5	G_Brand	int	4		否	对应品牌 ID(如果是无品牌产品则默认值为 0)
6	G_new	int	4		否	是否为新商品
7	G_recom	int	4		否	是否为推荐商品
8	G_sale	int	4		否	是否为热卖商品
9	G_down	int	4		否	是否为特价商品
10	G_name	nvarchar	50		否	商品名称
11	G_type	nvarchar	50		否	商品型号
12	G_pictures	nvarchar	50		否	商品图片
13	G_explain	nvarchar	1000		否	商品说明
14	G_price1	int	4		否	会员价格
15	G_price2	int	4		否	Vip 会员价格
16	G_count	int	4		否	商品排名
17	G_time	datetime	8		否	上传时间
18	G_integral	int	4		否	商品积分

4. 购物车表 Basket

购物车表 Basket 用来保存用户订购商品信息的，结构见表 7-5 所示。

表 7-5　购物车表 Basket

序号	列名	数据类型	长度	主键	允许空	说明
1	B_Id	int	4	是		ID 编号
2	B_hy	nvarchar	50		否	购物会员
3	B_pid	int	4		否	产品 ID
4	B_sl	int	4		否	订购数量
5	B_dj	int	4		否	物品单价
6	B_zonge	int	4		否	订购总价

5. 订单表 Order

订单表 Order 是用来保存用户订单的信息，结构见表 7-6 所示。

表 7-6　订单表 Order

序号	列名	数据类型	长度	主键	允许空	说明
1	Orderid	int	4	是		ID 编号
2	C_hy	nvarchar	50		否	会员
3	C_d_pid	int	4		否	商品编号
4	C_d_sl	int	4		否	商品数量
5	C_d_dj	int	4		否	商品单价
6	C_d_ze	int	4		否	商品总额
7	C_d_time	nvarchar	50		否	订单时间
8	C_d_name	nvarchar	50		否	订单人姓名
9	C_d_sex	nvarchar	50			订单人性别
10	C_d_phone	nvarchar	50		否	订单人电话
11	C_d_address	nvarchar	1000			订单人地址
12	C_d_yb	int	50			订单人邮编
13	C_s_name	int	50		否	收货人姓名
14	C_s_sex	datetime	50			收货人性别
15	C_s_phone	int	50		否	收货人电话
16	C_s_address	nvarchar	1000		否	收货人地址
17	C_s_yb	int	50		否	收货人邮编
18	C_beizhu	nvarchar	50			备注信息
19	C_chuli	Y/N			否	是否处理

6. 用户信息表 Users

用户信息表 Users 用来保存注册用户的基本信息,其结构见表 7-7 所示。

表 7-7 用户信息表 Users

序号	列名	数据类型	长度	主键	允许空	说明
1	Userid	int	4	是		ID 编号
2	Username	nvarchar	50		否	用户名
3	Userpass	nvarchar	50		否	密码
4	U_ask	nvarchar	50		否	会员问题
5	U_answer	nvarchar	50		否	问题答案
6	U_sex	Y/N				会员性别
7	U_mail	nvarchar	50			会员邮件
8	U_web	nvarchar	50			会员网址
9	U_company	nvarchar	50			会员公司
10	U_address	nvarchar	1000			会员地址
11	U_name	nvarchar	50		否	会员姓名
12	U_yb	nvarchar	50			会员邮编
13	U_phone	nvarchar	50			会员电话
14	U_mobile	nvarchar	50		否	会员手机
15	U_fax	nvarchar	50			会员传真
16	U_time	datetime	8		否	注册时间
17	U_hy_jifen	int	4		否	会员积分

7. 管理员表 Admin

管理员表 Admin 用来保存系统管理员的基本信息,其结构见表 7-8 所示。

表 7-8 管理员表 Admin

序号	列名	数据类型	长度	主键	允许空	说明
1	Id	int		是		ID 编号
2	Degree	varchar	20		否	管理员权限
3	Username	varchar	20		否	用户名
4	Password	varchar	20		否	密码

8. 客户投诉表 Complain

客户投诉表 Complain 用来保存客户对订单或服务的投诉信息,其结构见表 7 - 9 所示。

表 7 - 9 客户投诉表 Complain

序号	列名	数据类型	长度	主键	允许空	说明
1	Id	int		是		ID 编号
2	Posttime	varchar	20		否	提交时间
3	UserId	int	4		否	用户 id
4	Ordernumber	int	4		否	订单号
5	Content	nvarchar	1000		否	投诉内容
6	Result	nvarchar	50		否	处理结果
7	Flag	nvarchar	50		否	处理标记

7.5.4 系统的模块设计与实现

商品在线销售系统的设计与实现是开发系统的最关键的环节,本系统主要包括前台购物子系统和后台管理子系统两个子系统,根据上一节的分析,已经明确了两个子系统的各功能模块,在本节中,将对系统的各模块实现进行具体的分析。

前台购物子系统的设计与实现

商品销售系统的前台面向的是用户,主要包括四大功能模块:用户信息模块、商品浏览模块、商品在线购买模块和互动模块。前台网站首页设计如图 7 - 16 所示。

图 7 - 16 商品销售系统前台页面

1. 用户信息模块

（1）用户注册。用户要购买企业网站上的商品，必须先登录系统，若是新用户，则需点击首页界面上的"注册"按钮，进入注册页面，进行在线注册，否则只能浏览商品，用户注册页面如图 7－17 所示。

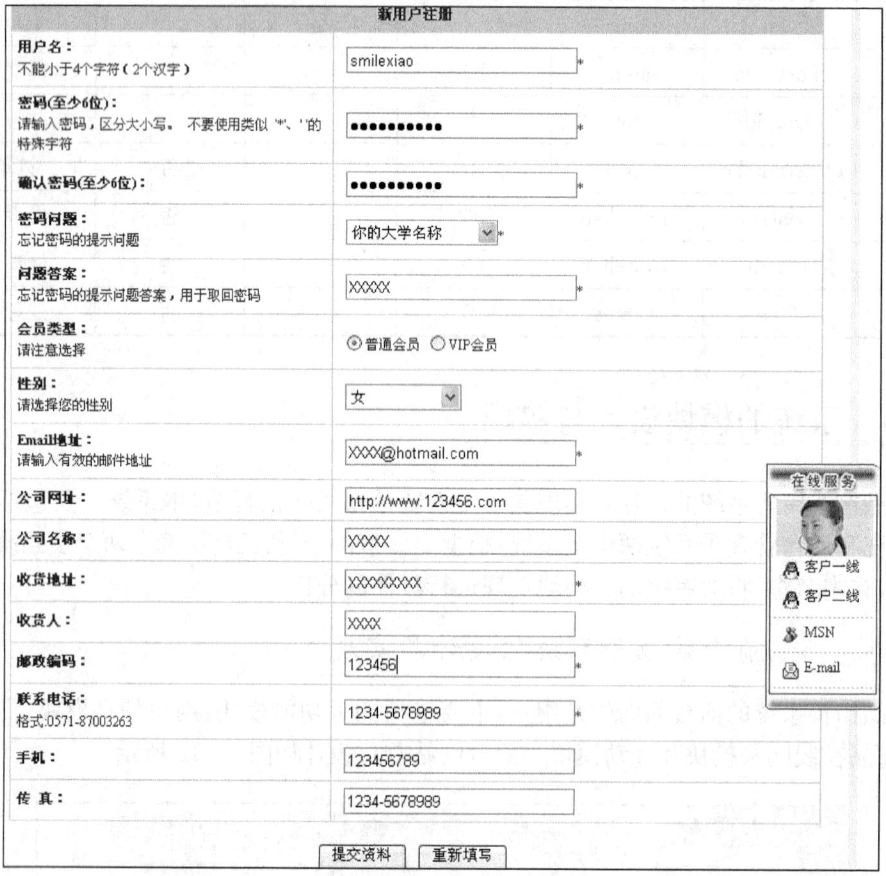

图 7－17　用户注册页面

用户按照系统要求填写新用户的用户名、密码等各项信息，点击"提交资料"按钮，系统会检查用户填写的信息如密码长度、Email 格式是否正确，并将用户名与数据库中的用户信息表中用户名相比对，若不存在相同用户名的数据信息，系统将出现一个注册成功的页面，如图 7－18 所示。

图 7－18　注册成功页面

用户的详细信息注册并登录后,即可在企业网站上购买用户所需要的产品,用户登录后页面如图7-19所示。

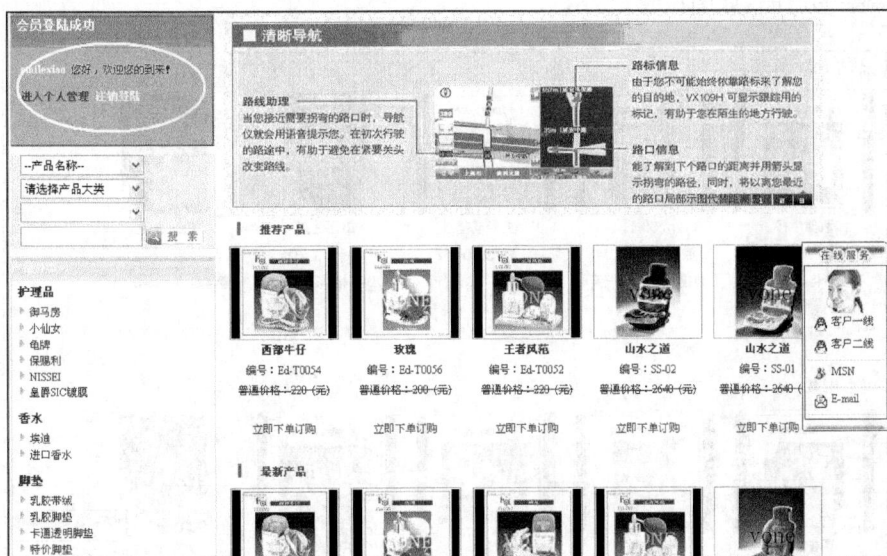

图7-19 用户登录后页面

(2) 用户详细信息查询和修改。商品在线销售系统对注册用户还提供了购物车、收藏夹、历史购买信息和已获得积分等查询功能,用户还可以对个人的信息资料如密码、个人资料、地址簿等信息进行修改。对于已经登录的用户,单击【进入个人管理】按钮,就可以进入到个人管理页面,实现以上的查询和修改功能,如图7-20所示:

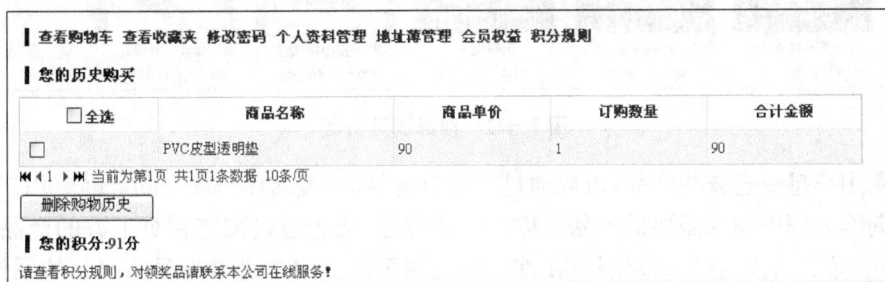

图7-20 用户个人管理页面

2. 商品浏览及在线购买模块

商品浏览及在线购买模块是用户登录系统后,实现商品选购的活动过程,首先用户可以看到在系统首页的商品信息,可以浏览到商品的价格、型号、品牌、产品的详细介绍以及购买此商品获得的积分数等具体信息。而"产品搜索"及"产品列表"功能也可以帮助用户方便快速地找到自己想要的商品,用户选择好商品后,把商品放入购物车中,填写订单,等待系统管理员对订单的检查,待订单被标记为"完成订单"时,用户进入支付页面选择支付方式进行购买。

（1）产品展示及搜索页面。用户登录到系统首页后,首页右侧列出"推荐产品"、"最新产品"、"热卖产品"、"特价产品"的产品图片、产品名称、产品价格及相关资料。用户可以浏览自己需要的产品,如图7-21所示。

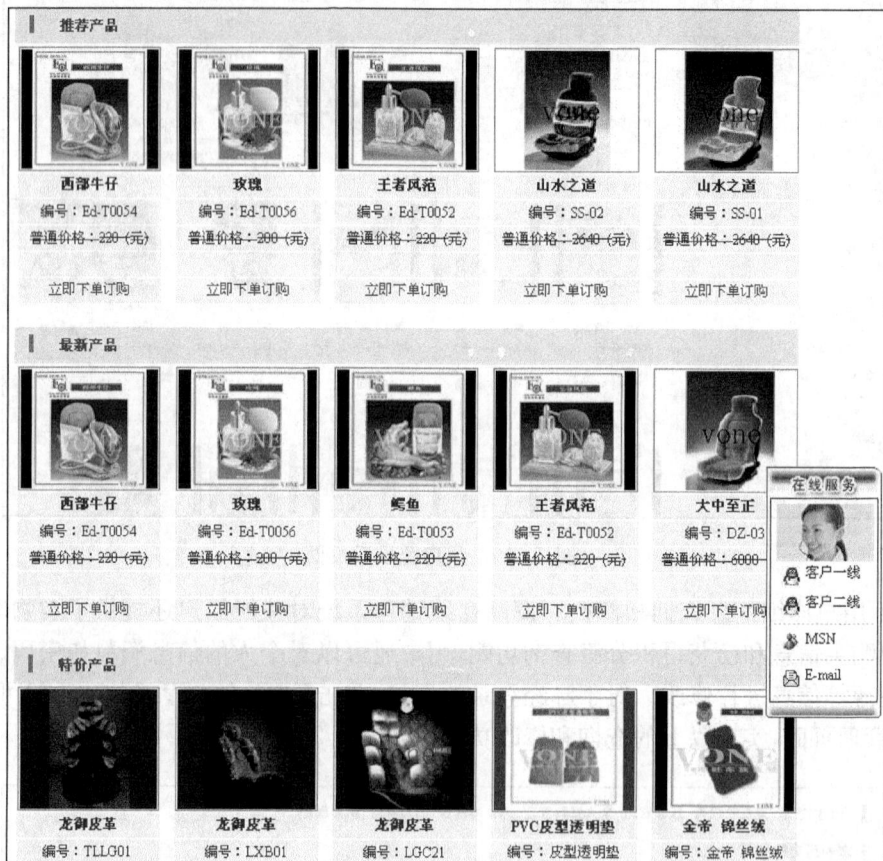

图7-21　商品浏览页面

如果用户想快速查找产品,可以通过产品查询界面,搜索用户需要的产品。用户可以直接在查询输入框中输入需要的产品名称或产品型号,或者通过浏览首页下方的产品分类列表,进行产品的选择,查询结果展示在首页的右侧页面。用户可以查看到产品的属性信息,如价格、型号、品牌、产品的详细介绍以及购买此商品获得的积分数等信息,如图7-22所示。

在产品信息页面中,用户通过浏览产品信息和产品的价格、产品详细介绍等信息,来决定是否值得购买,如果用户对此商品感兴趣但又不想立即购买,则可以点击产品图片右侧的【加入收藏夹】按钮以方便于下次查找到此商品,如果有意购买,则可以点击产品图片右侧的【加入购物车】按钮进入购物车页面,把产品放入购物车中后,购物车中的商品数量增加,如图7-23所示。

（2）购物车和下订单页面。购物车是用户在网上购买商品时使用,它其实是一个临时缓冲区,用户将选购的商品暂时存储在购物车中,在购买的过程中,用户可以对购物车中的商品进行管理,进行如查看、添加、删除等操作。用户选好商品后,进入收银台,下订单然后等待系

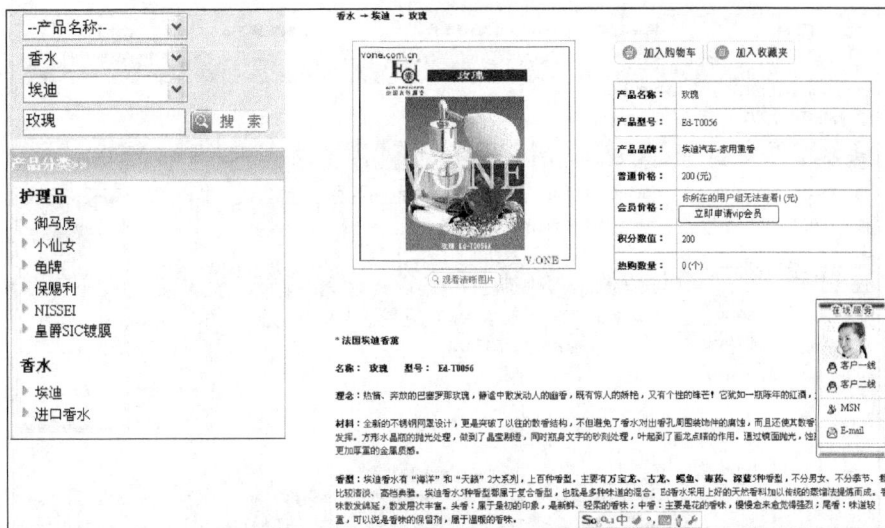

图 7 – 22　搜索"玫瑰"香水页面

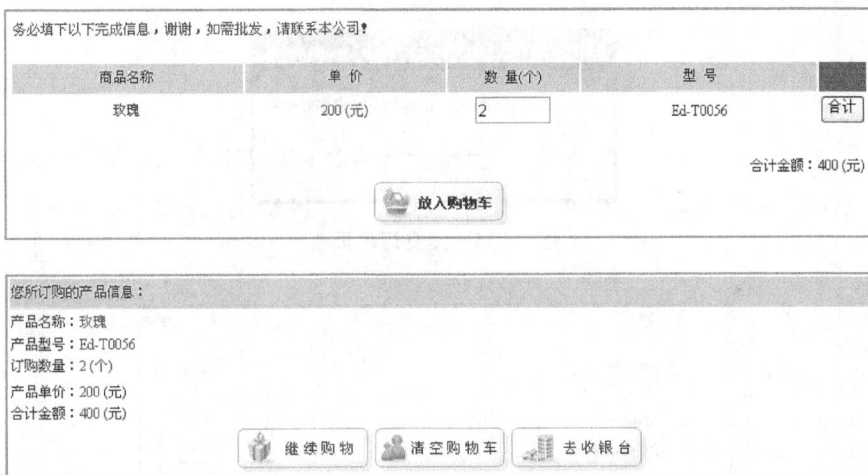

图 7 – 23　购物车页面

统管理员对订单的处理。用户每次结算之后其购物车也会被清空。

对进行购物的用户来说,每个用户都有各自独立的购物车,如购物未完成,用户再次登录后可以查看到自己的购物车记录,这主要使用 GridView 控件完成读取操作。

效果如图 7 – 24、图 7 – 25 所示。

(3)下订单的电子支付页面。网上支付的方式有多种,如具有安全保证的第三方支付宝,以及国内各种银行网上支付系统,用户只要在相应银行开通网上银行业务,就可以实现购买支付功能,用户进入提供支付功能的银行网站,按要求输入账号和密码信息以及对方的账户,就可以把费用支付给企业,管理员收到已经付款的信息后,向购买方发货。本系统网站采用的支付方式如图 7 – 26 所示。

□ 全选	商品名称	商品单价	订购数量	合计金额
□	埃迪	1	2	2

◄◄ ◄ 1 ► ►► 当前为第1页 共1页1条数据 10条/页

删除多选行订单

购买人资料：

购买人姓名： smilexiao （填写全名） 性别： 女 ▼ 电话： 051986332016 (手机优先，绝对保密

购买人地址： 常州大学城 邮政区号： 213000

复制购买人资料 收货人资料：（请填写完整，以便送货，谢谢！）

收货人姓名： smilexiao （填写全名） 性别： 女 ▼ 电话： 051986332016 (手机优先，绝对保密

收货人地址： 常州大学城 邮政区号： 213000

在线服务

🐁 客户一线
🐁 客户二线
✆ MSN
✉ E-mail

备注： (提示:需要货到付款请注明)

确认订购，收到货款后将在3个工作日执行发货，绝对信誉！

确认下单 重写资料

图 7 - 24 订单页面

Microsoft Internet Explorer

⚠ 下订成功，我们将第一时间联系你！

确定

图 7 - 25 提交订单页面

支付方式

网上支付

○ 货到付款

○ 网银在线

中国银行 BANK OF CHINA | 中国建设银行 China Construction Bank | 中国工商银行 | 中国农业银行 AGRICULTURAL BANK OF CHINA | 招商银行

广东发展银行 | 中国光大银行 Bank | 兴业银行 | 深圳发展银行 | 华夏银行

中国民生银行 | 上海浦东发展银行 | 中信银行 CHINA CITIC BANK | 交通银行 BANK OF COMMUNICATIONS | 重庆银行 BANK OF CHONGQING

南京银行 BANK OF NANJING | 渤海银行 China Bohai Bank | BEA 东亚银行

○ 支付宝 支付宝

【提示】请先确认自己的银行账户开通了网上支付功能！

银行汇款

◉ 汇款信息

◉ 银行电汇（请务必在汇款人简短留言中注明您的订单号/用户名）

其他银行均可以跨行支付

◉ 工商银行

图 7 - 26 网站支付方式

3. 互动模块

(1)用户留言模块。用户留言模块是用户与企业进行交互的重要方式之一,用户登录网站后,在购买过程中所遇见的问题,包括对系统的一些好的建议和不好的反馈信息,都可以通过该模块向企业进行反馈,这样通过这种沟通方法,企业不仅满足了消费者的需求,为消费者提供了个性化服务,同时企业也能够及时方便的获取客户需求,为企业带来商机和利润。用户留言模块的实现界面如图7-27所示。

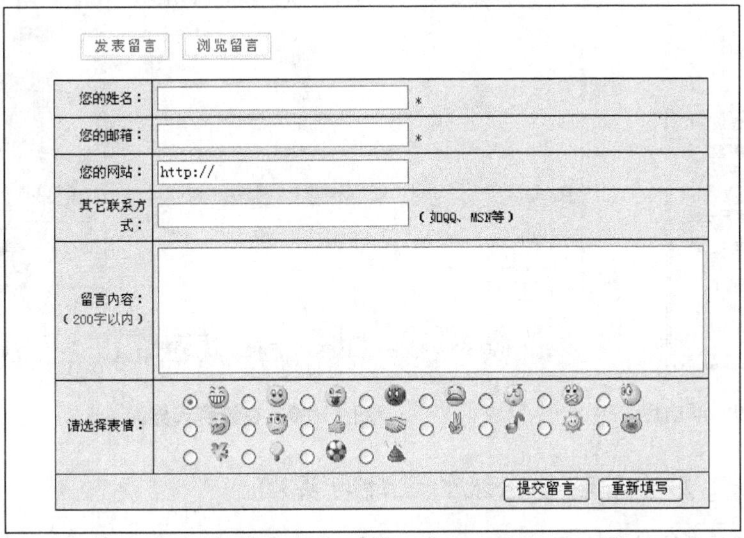

图7-27 用户留言页面

在用户留言页面中,用户输入姓名、电子邮件、留言内容以及联系方式等,然后点击"提交留言"按钮,若系统检查信息合法的话,反馈信息保存到数据库中,实现用户反馈信息的提交。网站的管理人员浏览到留言后,可以将处理结果等信息回复到网站上,如图7-28所示。

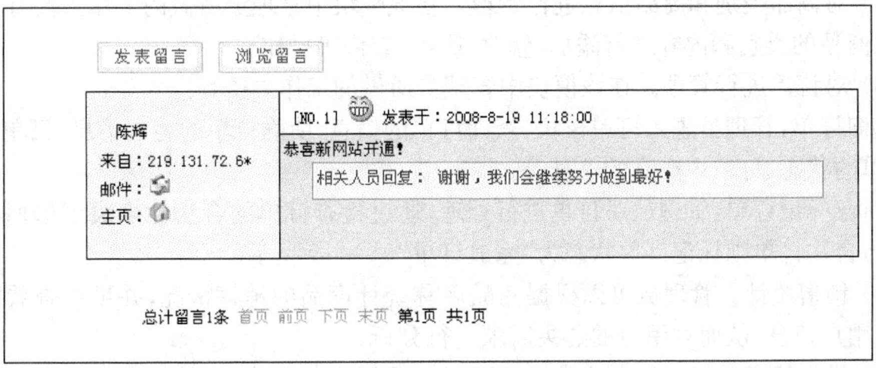

图7-28 管理员回复用户留言页面

(2)在线聊天。在线聊天是系统为用户提供的进行实时交流的服务,主要是在正常办公的时间使用的。用户进入网站的每个页面,页面右侧都会出现"在线服务"的浮动栏,如图

7-29 所示,使用该模块可以与企业相关业务人员进行在线交流,如图 7-30 所示。

图 7-29 浮动栏

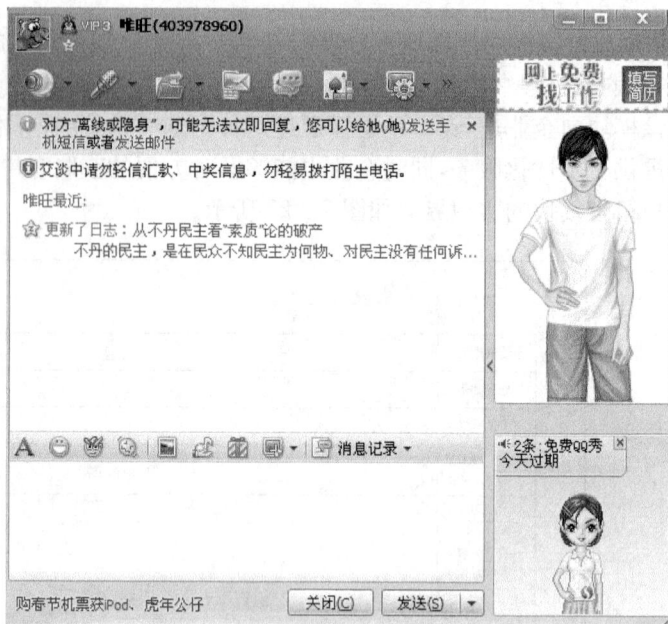

图 7-30 在线聊天界面

后台管理子系统的设计与实现

后台管理由系统的管理员执行,主要包括用户信息管理、订单管理、商品类别管理、商品信息管理、销售统计、投诉管理这几个方面功能。

(1) 对用户进行管理。在该模块中管理员所做的工作主要有:

用户注册信息管理:管理员在该模块可以查看修改用户的注册信息。

用户角色管理:角色有普通会员、VIP 会员区别,管理员可以查看角色的相关信息、修改角色。

(2) 对商品类别和商品信息进行管理。在该模块中管理员所做的工作主要有:

对商品的类别和内容进行添加、修改、删除、查询等操作。

(3) 对订单进行管理。在该模块中管理员所做的工作主要有:

查询订单:管理员进入订单模块,查询订单的信息,明确订单的客户信息、订单的提交时间、订单的状态、订单中产品的信息等。

检查/标记订单:管理员对订单进行处理,通过检查订单的合法性来决定如何标记订单的状态,合法订单则标记订单状态为"完成订单"。

(4) 销售统计。管理员可以根据商品名称统计商品的销售情况,并可以查看购买这些商品的用户信息,从而对用户的购买需求进行分析。

(5) 投诉管理。管理员在该模块中可以查看用户留言信息,并对用户留言信息做及时的回复和处理。

系统管理员要执行上述管理,必须先进入管理员登录模块。如图 7-31 所示,管理员填写账号和密码。系统会对输入的账号和密码进行验证,如果正确,进入系统管理页面,如图

7-32所示。管理员可以对系统数据库中的数据进行查询、修改、添加及删除管理。

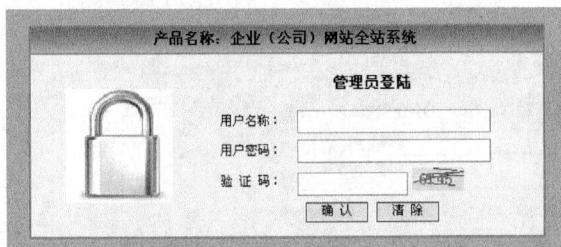

图7-31 管理员登录页面

图7-32 系统管理模块页面

在该页面中管理员可以对产品数据、顾客数据、订单数据、留言数据分别进行查询、修改、添加和删除操作。下面对后台系统管理的商品类别及商品信息管理模块、订单管理模块、销售统计模块等主要模块做详细的设计。

(6)商品类别及商品信息管理模块。在商品管理模块中可以实现商品类别信息的管理和商品信息的管理,管理员可以在商品类别信息界面中实现商品类别的查看、添加、修改、删除类别功能;在商品信息管理界面中实现商品内容的查看、添加、修改、删除商品信息功能。

商品类别管理:管理员进入商品类别模块后,就可以查看商品类别信息和添加、修改、删除类别信息,设计界面如图7-33所示。

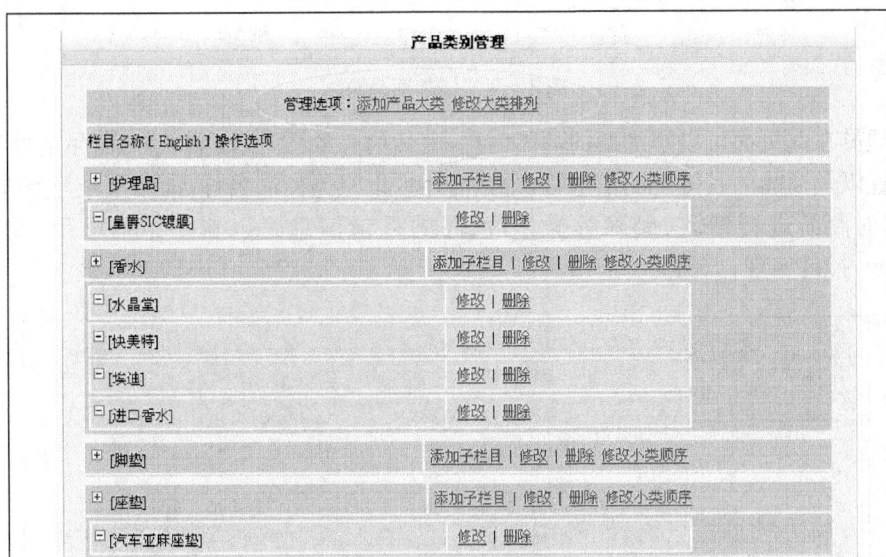

图7-33 商品类别管理页面

管理员按商品规范输入商品的所属大类名称,如商品有小类的话再继续添加商品小类,并设置好类别的排列顺序,也可以对类别进行相应的修改和删除,为下一步添加商品做好准备。

商品信息管理:管理员进入商品管理模块,对公司的商品信息进行维护,可以查看已有商品的商品信息,可以添加新商品,系统管理员添加商品内容的模块设计,如图7-34所示。

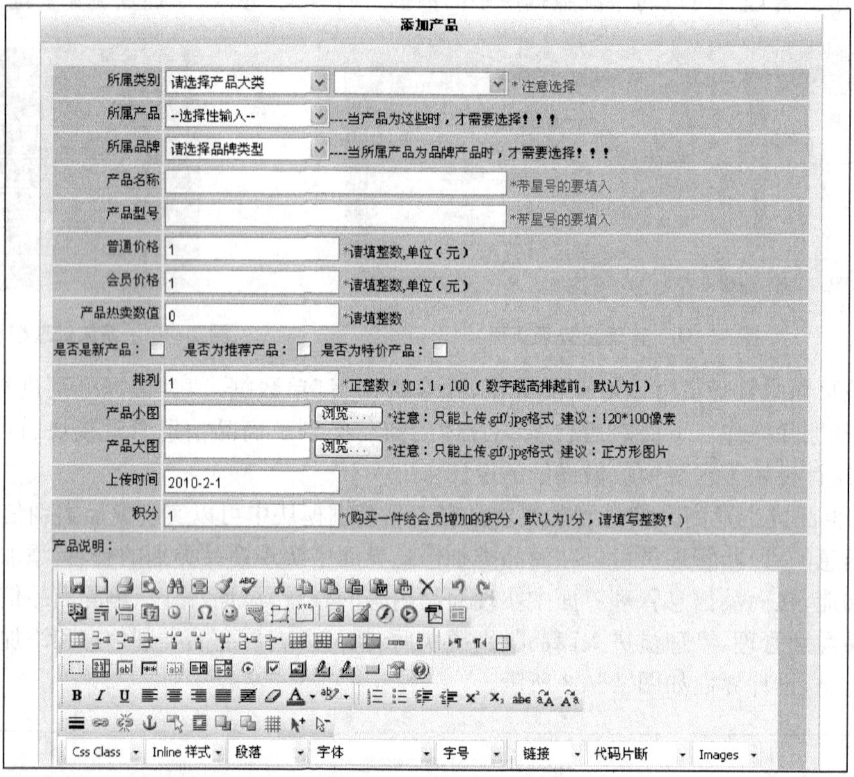

图 7-34　添加商品页面

管理员在此页面可以添加新的商品信息,上传商品的图片、商品名称、商品型号、商品的积分设置以及商品的具体说明信息等。另外,还可以根据商品名称、商品型号等条件搜索相应产品,对商品进行修改、删除等操作,商品的目录信息是以树型结构显示,此模块用 TreeView 控件实现,如图 7-35 所示。

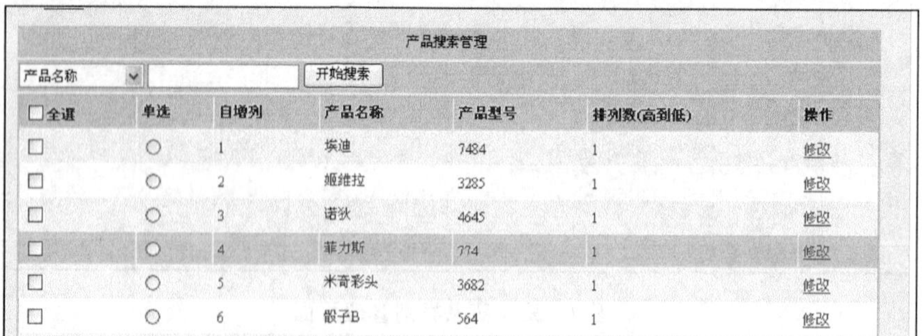

图 7-35　产品管理页面

(7) 订单管理模块。订单管理包括检查订单和标记订单状态操作,管理员及时查看订单库中订单的情况以及下订单的用户信息,检查订单用户的合法性,以便修改订单的状态,及时反馈给顾客信息,实现快速购买。管理员检查订单和用户的合法性后,根据购买进展情况,及时标记订单状态为未处理、完成订单、已付款等。

订单查询:管理员在该界面中可以及时查看订单列表,如图 7-36 所示,并且可以查看每个订单下单的详细信息,如图 7-37 所示。

订单管理						
单选	会员名	产品型号	订购数量	下订时间	订单状态	操作
○	xiaoyao	*ED-T0045B	1	2009-3-19	完成订单	查看详细
○	xiaoyao	都彭引力	1	2009-3-19	完成订单	查看详细
○	smilexiao	AC-18	2	2009-3-19	未处理	查看详细
○	smilexiao	*AC-17	4	2009-3-19	未处理	查看详细

图 7-36　订单列表

订单详细管理	
订单状态:	未处理
订购时间:	2009-3-19
产品积分:	268
会员用户名:	smilexiao
产品型号:	*AC-17
订购数量:	4
产品单价:	268
订单总额:	1072
购买人资料	
姓名:	XXXX
性别:	1234-5678989
联系电话:	1234-5678989
联系地址:	XXXXXXXXX
邮政编号:	123456
收货人资料	
姓名:	XXXX
性别:	男
联系电话:	1234-5678989
联系地址:	XXXXXXXXX
邮政编号:	123456

图 7-37　订单详细信息

修改、删除、添加订单状态:管理员查看订单详细信息后,可以检查订单的合法性,若合法则处理订单即修改订单状态,订单状态有未处理、完成订单、已付款等状态。

（8）销售统计模块。针对商品的销售情况，系统可以根据管理员的需要进行销售情况的统计，以便管理员直观地看到商品的销售情况，为企业了解客户购物需求，调整销售方式提供了基础数据，如图7-38所示。

销售统计			
产品名称	产品型号	被购数量	操作
大中至正	DZ-02	100	查看详细
安程后视镜水晶链	*AC-16	100	查看详细
安程后视镜水貂毛吊挂 彩钻	*AC-13	100	查看详细
安程后视镜水貂毛吊挂	*AC-12	100	查看详细
眩光经典系列后视镜	*AC-37	90	查看详细
风口钻饰条	*AC-35	90	查看详细
晶钻启动环	*AC-34	90	查看详细
豪华头枕装饰环	*AC-33	90	查看详细
豪华水晶排挡头	*AC-32	90	查看详细
凯撒徽章 M	*AC-31	90	查看详细
凯撒徽章 L	*AC-30	90	查看详细
晶钻气门嘴	*AC-29	90	查看详细
钻戒钥匙扣B款	*AC-28	90	查看详细
钻戒钥匙扣A款	*AC-27	90	查看详细
豪华香水座	*AC-26	90	查看详细
◄◄ ◄ [1] [2] [3] [4] [5] [6] …… ► ►► 当前为第1页 共28页409条数据 15条/页			

图7-38 销售统计表

7.5.5 结语

本文首先提出了课题的研究背景，分析了电子商务的模式和发展趋势，然后对系统进行了需求和数据库分析，最后设计了一个基于.NET平台的商品在线销售系统。系统主要包括前台购物子系统和后台管理子系统两个系统：前台购物子系统包括用户信息模块（用户注册、用户信息查询、修改），商品浏览及在线购买模块（商品查询、购买、下订单、支付）和互动模块（在线聊天、留言板）；后台管理子系统包括用户管理（用户信息管理、用户角色管理），商品类别管理、商品信息管理，订单管理（订单查询、修改订单状态）和销售统计及投诉管理模块等，并使用AJAX实现网页无刷新的效果，MD5算法进行数据加密，本系统采用先进的ASP.NET技术实现。

因网站开发涉及页面设计和程序开发两个部分，程序开发的工作量比较大，所以，建议本设计最好作为一个团队设计选题，团队至少包括3名成员，1名负责设计页面，2名负责程序开发和系统的整合。相信通过本网站的设计训练，会有效提高学生的开发能力和团队合作能力。

7.5.6 谢辞(略)

7.5.7 参考文献

［1］韦丽娜．何冰电子商务扩展标准语言研究［J］．计算机技术与发展，2009，19(01)：128－130．

［2］樊建．ASP．NET＋ADO．NET项目开发实例［M］．北京：清华大学出版社，2004．

［3］Huitao Liu，Limei Tan，Yuan Yao，Qing Wang，Hongsheng Zhang，Guanglu Zhang and Jintong Liu．A Scheme for Share and Exploitation of Network Agricultural Information Based on B/S Structure［J］．IFIP International Federation for Information Processing，2008(58)：629－630．

第8章

移动应用开发
（移动应用技术专业）

8.1 移动应用开发一般流程

就在五年前，移动应用开发还属于嵌入式系统开发的范畴之内，那个时候的移动设备远远没有今天"智能"，近几年，随着以 iPhone、Android 为代表的智能手机和以 iPad 为代表的平板电脑的风行与普及，移动应用开发已经从原来的嵌入式系统开发中独立出来，成为一个新的专业技术门类与行业。

移动应用软件开发和传统的嵌入式软件开发有很多相似性，其思路和方法也包括设计软件的功能和实现的算法和方法、软件的总体结构设计和模块设计、编程和调试、程序联调和测试以及编写、提交程序：

（1）相关系统分析员和用户初步了解需求，然后形成文档、列出要开发的系统的大功能模块，每个大功能模块有哪些小功能模块，对于有些需求比较明确相关的界面时，在这一步里面可以初步定义好少量的界面。

（2）系统分析员深入了解和分析需求，根据自己的经验和需求用相关工具再做出一份文档系统的功能需求文档。这次的文档会清楚列出系统大致的大功能模块，大功能模块有哪些小功能模块，并且还列出相关的界面和界面功能。

（3）系统分析员和用户再次确认需求。

（4）系统分析员根据确认的需求文档所列出的界面和功能需求，用迭代的方式对每个界面或功能做系统的概要设计。

（5）系统分析员把写好的概要设计成文档给程序员，程序员根据所列出的功能一个一个的编写。

（6）测试编写好的系统，交给用户使用，用户使用后确认每个功能，然后验收。

8.2　移动应用开发实例——电子菜谱点餐系统设计

8.2.1　前言

电子菜谱点餐系统是新一代数字餐饮管理系统,以电子菜单为核心内容,面向广大的餐饮行业客户提供高效的餐饮信息化服务,产品提倡绿色健康消费观念,极大提高饭店档次形象和顾客消费体验。

通过本系统,顾客不需要经过身份认证而直接使用,进入点菜系统界面后,顾客可以根据自己的口味、菜的类型、菜的价格、特色菜及特价菜来选择自己要点的菜。顾客可以通过查看菜的详细信息来了解各菜的详细信息。点好菜后,顾客通过网络直接将菜单传送到厨房,厨师对传送来的菜单进行确认接收,完成顾客的点菜过程,厨师每做完一道菜便对该菜进行已做标记,并传送给顾客,顾客在就餐期间可随时查看自己的菜单,同时当顾客要进行修改菜单时,只有在厨师还没有做该菜的情况下才能进行。顾客在用餐期间如对餐厅的服务有意见,可以通过无线点菜系统来发表自己的意见,让餐厅的所有工作人员能及时地知道顾客对餐厅的满意度从而及时地知道要改进的地方。顾客可以通过无线点菜系统在自己的菜单中统计自己的用餐费用,完成对菜单的结算功能。

对于餐厅管理者来说,电子菜谱点餐系统可以实现经理对菜单的管理功能,如当餐厅中有新菜或是有不再出产的菜时,管理者可以对菜单进行修改以完善对菜单的及时更新,同时,管理者对工作人员的评价或提醒可以通过该系统及时的发送给工作人员,以达到工作人员能及时地知道自己的工作表现的效果。

电子菜谱点餐系统还可以包含餐厅介绍信息,顾客评价,经理对菜单的修改、查看及对工作人员的考核评价,工作人员的查看信息,结账等功能。电子菜谱与传统菜谱的比较见表8-1所示。

表 8－1　电子菜谱与传统菜谱的比较

项目	传统菜谱	电子菜谱
外观	个性化制作封面	个性化制作封面
更换菜品	每次制作新菜谱时才能更换	随时更换
菜品清洁	贴条或服务器提醒	随时设置不可见或可不可选择
菜品信息	菜品、价格及简单介绍	菜名、价格、做法介绍,可以嵌入大量图文甚至视频
附加信息	无	健康提示、卡路里含量、配餐等
推荐菜品	制作菜谱时设定	随时设定
广告植入	基本上没有	可对自己或合作伙伴的产品进行演示推广
自助点菜	不能	客人点餐可以形成菜单确认后提交服务员
外观保持	使用久了会出现磨损、脱页等	更换封面,贴膜后保持常新

续表

项目	传统菜谱	电子菜谱
风格	不更换不可以变换	根据酒店风格定制界面,春节、中秋、圣诞、情人节等可以更换不同皮肤,增强节日气氛。也可以根据婚宴、寿宴等不同需求个性化定制,彰显时尚品位
制作成本	100～300 元/本,2 本/年,需要不间断地印刷,累计成本高	首次投资成本略高,累计成本低

8.2.2　系统结构

整个系统的结构如图 8-1 所示:

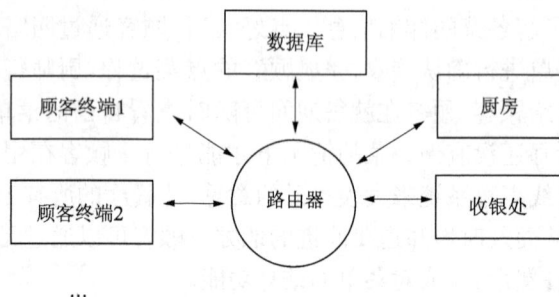

图 8-1　点餐系统结构

四类设备通过路由器进行有线或无线连接。

1. 顾客

顾客是在使用本系统的酒店用餐的人员,是本系统的间接用户,他们希望在酒店用餐时的心情是愉快的,即点餐和付账时,菜品和账目都不会出现差错,结账时的项目都足够清晰。顾客利用平板等终端,按菜品名或厨师名进行搜索,也可以看到菜品图片。顾客在服务人员的协助下进行点餐,终端将把点菜消息发送到收银处、厨房和服务人员手中。

2. 厨房

厨房工作人员可以视为一个整体,每间酒店的此类人员数不等人,他们通过本系统从服务人员客户端获得传来的菜单,完成菜品后通知服务人员取餐并告知他们该菜品是那一桌所点。

3. 收银处

该终端负责进行对菜品、厨师、菜单的管理,并且包含账户控制、收银、销售统计等操作。在收银时负责打印票据,向顾客终端发送清理原信息的消息。该终端同时负责监测顾客终端和厨师终端的在线情况,并负责所有的通信消息处理。该终端接受和处理顾客终端和厨师终端的各种请求。

4. 数据服务器

该服务器负责数据的存储。将菜的信息,顾客的信息,餐桌使用情况的信息保存起来,可以与收银处电脑共用。

8.2.3 功能需求

1. 点餐功能

点餐功能是该系统中一个最重要的也是最基本的功能模块,它的任务是操作员输入顾客的点餐信息,通过无线网络及时地将点餐信息传送到后台服务器,进而在厨房终端显示,有利于厨师尽快下厨做菜。

2. 结算功能

顾客在就餐结束时要结算,结算的过程是:操作员根据订单编号查询点餐订单信息和订单信息详情列表,顾客确认后单击结算按钮进行结算。

3. 更新功能

为了提高程序的运行效率,将服务器中菜谱表和餐桌表的数据保存到客户端的 SQLite 数据库中。所以系统就要及时与服务器中的数据进行更新。

4. 菜谱管理功能

管理功能包括菜谱的录入、删除和修改等。

8.2.4 系统设计

数据库设计

1. 数据字典(见表 8 − 2)

表 8 − 2 数据字典

编号	数据项	说　　明
1	菜品编号	整型,具有唯一性
2	菜品名称	字符串类型
3	菜品价格	浮点类型
4	菜品类别	字符串类型
5	菜品备注	字符串类型
6	员工工号	整型类型,具有唯一性
7	员工姓名	字符串类型

编号	数据项	说　　　明
8	员工性别	字符串类型,男或者女
9	员工年龄	字符串类型
10	证件号	字符串类型,具有唯一性
11	联系方式	字符串类型
12	点菜单编号	整型类型,具有唯一性
13	点餐菜号	整型,具有唯一性
14	餐金汇总	浮点类型
15	餐桌桌号	整型,具有唯一性
16	时间	日期型
17	实收金额	浮点类型
18	应收金额	浮点类型
19	餐桌名称	字符串类型
20	账单编号	字符串类型
21	就餐编号	整型,具有唯一性

2. 关系模式设计

本系统的主要关系模式如下:
菜品:菜品编号、菜品名称、菜品价格、菜品类型等;
餐单:餐单编号、就餐桌号、点餐菜号、餐金、负责员工、时间等;
顾客:就餐编号、就餐桌号、时间、人数等;
餐桌:餐桌桌号、餐桌名称等;
账单:账单编号、账单桌号、时间、应收金额、实收金额等。

功能模块设计

本系统的核心是收银处功能模块的程序设计,其功能主要包括以下2个方面:

1. 管理功能

菜品的查看、添加、修改、删除等;
员工的查看、添加、修改、删除等;
餐桌的查看、添加、修改、删除等;
餐单的生成、查看、修改、删除等;
账单的生成、查看、修改、删除、打印等。

2. 数据传送

三层结构是基于模块化程序设计的思想,为实现分解应用程序的需求,而逐渐形成的一种标准模式的模块划分方法。三层架构的优点在于不必为了业务逻辑上的微小变化而迁动整个程序的修改,只需要修改商业逻辑层中的一个函数或一个过程;从而增强了代码的可重用性;便于不同层次的开发人员之间的合作,只要遵循一定的接口标准就可以进行并行开发了,最终只要将各个部分拼接到一起构成最终的应用程序即可。

三层结构通常是指数据访问层、业务逻辑层和用户接口层(也称表示层)。本系统中收银处的三层结构和类设计如图8-2所示。

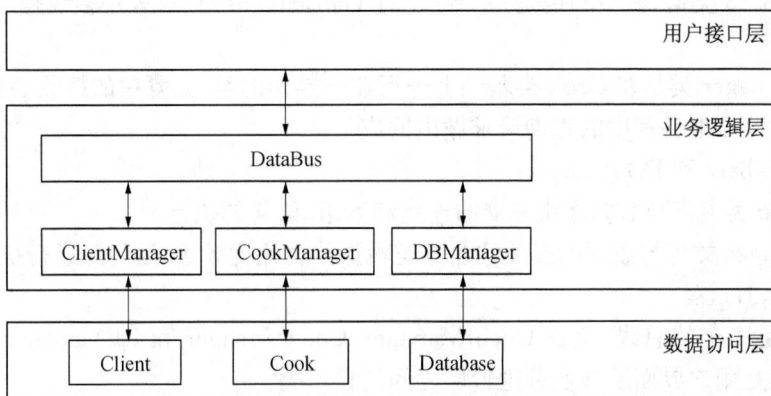

图8-2 数据传送模块三层结构图

用户接口层(表示层):位于最上层,用于显示和接收用户提交的数据,为用户提供交互式的界面。用户接口层一般为 Windows 窗体应用程序或 Web 应用程序。

业务逻辑层:是表示层和数据访问层之间沟通的桥梁,主要负责数据的传递和处理。

数据访问层:主要进行数据的读取、保存和更新,数据访问层所读写的数据可能来自数据库,也可能来自网络。

各个类的功能如下(以采用 C♯开发进行描述):

◆ Client 和 ClientManager:

Client 类负责与所有顾客终端进行交互的所有数据传输,它仅仅负责餐单等数据的传递与确认等工作,不做任何逻辑处理。Client 类的核心是一个封装的 TcpListener 对象,采用多线程与顾客终端进行数据交互,其模型如图8-3所示。

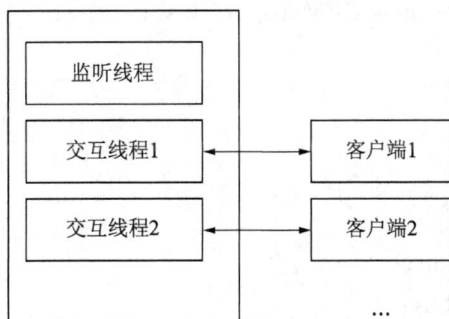

图8-3 Client 类模型

当 Client 类的实例建立时,它启动一个监听线程,这个监听线程专门负责捕获顾客终端的连接请求,一旦捕获到连接请求,则马上为该顾客终端建立一个专门的交互线程用于数据交互。

ClientManager 类负责在 Client 类的基础上进行业务逻辑操作,比如餐单的接收、确认数据的发送、顾客对餐单中各菜品准备程度的查询和结果返回等。

◆ Cook 和 CookManager:

Cook 类负责与厨房终端进行交互的所有数据传输,不做任何逻辑处理。Cook 类的模型结构跟图 8-3 类似,其核心也是一个封装的 TcpListener 对象,采用多线程与厨房终端进行数据交互。

CookManager 类是在 Cook 类基础上进行业务操作的类,如餐单的接收、对菜品准备程度的设置、对菜品准备程度的查询请求做出回应等。

◆ Database 和 DBManager:

Database 类负责与数据库服务器的连接和 SQL 语句的执行。

DBManager 类将与数据库有关的业务逻辑操作转化为 SQL 语句并进行执行。

◆ DataBus 类:

这个类是一个软总线,负责 ClientManager、CookManager 和 DBManager 三者之间的数据传送,也是用户界面层和业务逻辑层之间的接口类。

在类的设计时,DataBus 上"挂着"有 ClientManager、CookManager 和 DBManager 三个"设备",这三个"设备"也知道自己"挂在"哪个总线上。以 DataBus、ClientManager 和 Client 三个类来进行示意:

```
public class DataBus
{
    private ClientManager clientManager;
    private CookManager cookManager;
    private DBManager dbManager;
    public DataBus()
    {
        clientManager = new ClientManager(this);
        cookManager = new CookManager(this);
        dbManager = new DBManager(this);
    }
}


class ClientManager
{
    private Client client;
    private DataBus bus;
    public ClientManager(DataBus bus)
    {
        this.bus = bus;
```

```
        }
    }
```

CookManager 和 DBManager 的结构 ClientManager 的结构类似。一旦业务逻辑层和数据访问层设计好之后,在用户界面层进行设计时,主要是建立一个 DataBus 类的对象,并利用这个类的方法进行操作。

8.2.5 Visual Studio 2008 中搭建三层架构

在 Visual Studio 2008 中建立软件三层架构非常方便,除了以上三层之外,一般还会结合数据库的设计建立数据实体类库。

1. 建立一个空的解决方案

打开 Visual Studio 2008,建立一个空的解决方案,取名 Restaurant。

2. 建立数据实体类库

这个类库主要存放与数据库中各个表相对应或相关的实体类,通过往 Restaurant 项目中添加新的项目来进行,其项目类型为"类库",取名为 Restaurant. Models。

3. 建立数据访问层

往解决方案中添加一个新的项目,类型为"类库",取名为 Restaurant. DAL。这个类库主要存放各种用于数据存取的类,如前面提到的 Client 类、Cook 类、Database 类等。

4. 建立业务逻辑层

往解决方案中添加一个新的项目,项目类型为"类库",取名为 Restaurant. BLL。这个类库主要用于存放各种逻辑操作和逻辑运算的类,如前面提到的 ClientManager 类、Cook-Manager 类、DBManager 类等。

5. 建立用户接口层

往解决方案中添加一个新的项目,项目类型为"Windows 窗体应用程序",取名为 Restaurant。

6. 添加项目之间的依赖关系

通过对项目进行"添加引用"操作,建立解决方案中各个项目之间的依赖关系。最后形成的依赖关系为:Restaurant 依赖于 Restaurant. BLL 和 Restaurant. Models,Restaurant. BLL 依赖于 Restaurant. DAL 和 Restaurant. Models,Restaurant. DAL 依赖于 Restaurant. Models。

到此位置,就使用 Visual Studio 2008 建立了三层架构,接下来就是对各个层中各个类进行逐个开发和测试,最后再进行用户接口层项目 Restaurant 的开发。

8.2.6　其他终端的软件开发

　　厨房终端、顾客终端可以采用流行的平板电脑，建议也采用类似于 Visual Studio 2008 中的三层软件模型来进行设计和开发，保证系统的可扩展性。

8.2.7　结语

　　本系统是一个较为复杂的系统，该系统的设计与实现涉及服务器端的开发、多个客户端的开发、数据库、网络编程等，单个学生如果单独去完成整个系统的设计，任务比较重。所以，建议本设计最好作为一个团队设计选题，团队建议包括 3～5 名成员，分别相对独立设计一块功能。相信通过本系统的设计训练，会有效提高学生的开发能力和团队合作能力。

8.2.8　谢辞(略)

8.2.9　参考文献

[1] 温昱. 软件架构设计(第 2 版)——程序员向架构师转型必备[M].北京：电子工业出版社.

[2] 张利国等. Android 移动开发入门与进阶[M].北京：人民邮电出版社.

《计算机类专业毕业设计指南》读者信息反馈表

尊敬的读者：

感谢您购买和使用南京大学出版社的图书，我们希望通过这张小小的反馈卡来获得您更多的建议和意见，以改进我们的工作；加强双方的沟通和联系。我们期待着能为更多的读者提供更多的好书。

请您填妥下表后，寄回或传真给我们，对您的支持我们不胜感激！

1. 您是从何种途径得知本书的：

   □ 书店　　□ 网上　□ 报纸杂志　□ 朋友推荐

2. 您为什么购买本书：

   □ 工作需要　□ 学习参考　□ 对本书主题感兴趣　□ 随便翻翻

3. 您对本书内容的评价是：

   □ 很好　□ 好　□ 一般　□ 差　□ 很差

4. 您在阅读本书的过程中有没有发现明显的专业及编校错误，如果有，它们是：＿＿＿＿＿＿＿＿
   ＿＿＿
   ＿＿＿
   ＿＿＿

5. 您对哪些专业的图书信息比较感兴趣：＿＿＿＿＿＿＿＿＿＿＿＿＿＿＿＿＿＿＿＿＿＿＿＿＿
   ＿＿＿

6. 如果方便，请提供您的个人信息，以便于我们和您联系（您的个人资料我们将严格保密）：

   您供职的单位：　　　　　　　　您教授或学习的课程：

   您的通信地址：　　　　　　　　您的电子邮箱：

请联系我们：

电话：025－83596997

传真：025－83686347

通讯地址：南京市汉口路 22 号　210093

南京大学出版社理工图书编辑部